粮食增产气象保障技术之作物产量动态预报技术

宋迎波　郑昌玲　谭方颖
程　路　曹　云　王文峰　著
侯英雨　李　轩　钱永兰

内 容 简 介

本书分析了2007—2016年全国粮食及水稻、玉米、小麦的产量结构与1981—2016年各主要作物总产量、种植面积与平均单产演变趋势；概述了干旱、洪涝和冷冻害等主要农业气象灾害的定义与分类、影响因子及时空分布特点；探讨了基于历史丰歉气象影响指数、关键气象因子影响指数、气候适宜指数及作物生长模型的主要作物产量动态预报技术；介绍了作物产量动态预报业务服务系统的主要功能，并说明了系统的操作流程。

图书在版编目(CIP)数据

粮食增产气象保障技术之作物产量动态预报技术 / 宋迎波等著. — 北京 ：气象出版社，2020.6

ISBN 978-7-5029-6783-3

Ⅰ. ①粮… Ⅱ. ①宋… Ⅲ. ①灾害性天气-农业气象预报-关系-粮食增产-研究 Ⅳ. ①S165②F307.11

中国版本图书馆CIP数据核字(2018)第143389号

粮食增产气象保障技术之作物产量动态预报技术

Liangshi Zengchan Qixiang Baozhang Jishu zhi Zuowu Chanliang Dongtai Yubao Jishu

---

出版发行：气象出版社

地　　址：北京市海淀区中关村南大街46号　　**邮政编码**：100081

电　　话：010-68407112(总编室)　010-68408042(发行部)

网　　址：http://www.qxcbs.com　　**E-mail**：qxcbs@cma.gov.cn

责任编辑：王萃萃　　**终　　审**：吴晓鹏

责任校对：王丽梅　　**责任技编**：赵相宁

封面设计：博雅思企划

印　　刷：北京建宏印刷有限公司

开　　本：787 mm×1092 mm　1/16　　**印　　张**：8.25

字　　数：206千字

版　　次：2020年6月第1版　　**印　　次**：2020年6月第1次印刷

定　　价：65.00元

前　言

近年来随着世界范围内粮食危机的出现，给许多国家的政治、经济带来巨大影响，粮食问题成为事关国家安全、社会稳定和人民福祉安康的重大问题。随着我国人口的不断增长，导致对粮食的需求持续增加；另外，由于耕地面积减少和水资源短缺等原因，使我国粮食增产难度不断加大，因此，我国粮食供需将长期处于紧平衡状态，粮食安全问题面临严峻挑战。

气象条件是粮食产量波动的重要影响因素，气象条件匹配适宜与否、气象灾害的轻重，在很大程度上决定了粮食产量丰歉、品质优劣和成本高低。同时，随着全球气候变化的日益加剧，气象灾害对粮食安全构成的威胁越来越大。近年来，我国农业气象灾害呈现出频率高、强度大、危害重的态势，频发的农业气象灾害是造成我国粮食减产的决定因素。

发挥气象科技对农业生产的支撑和保障作用，加强粮食生产气象服务，是党和国家赋予气象部门的职责。党中央、国务院对新的历史时期发挥气象科技对农业生产的支撑和保障作用提出了明确要求。《国务院关于加快气象事业发展的若干意见》（国发〔2006〕3号）强调指出："粮食产量、品质和种植结构与天气、气候条件密切相关。要依靠科学，充分利用有利的气候条件，指导农业生产，提高农产品产量和质量，为发展高产、优质、高效农业服务。"2005—2019年，中央一号文件连续15年对气象为农服务、防灾减灾工作提出了明确要求，特别是党的十八大以来，习近平总书记就做好"三农"工作做出了一系列重要论述，提出了一系列新理念、新思想、新战略。

根据天气气候条件的变化，开展我国主要农作物产量动态预报技术研究，提供客观、定量、动态的主要作物产量预报，可以充分发挥气象预报的先导作用，提升气象部门为国家战略决策服务的水平和质量，使决策部门能够及时了解和掌握作物产量动态，制定科学的宏观调控政策，以及为调拨、贮运、进出口贸易、合理安排生产提供科学依据，为我国农业防灾减灾、确保作物丰产稳产提供有力保障，对保障国家粮食安全具有重要意义。为此，我们编写了《粮食增产气象保障技术之作物产量动态预报技术》一书。

全书共分4章。其中，第1章"粮食产量结构与演变趋势"由程路、宋迎波执笔；第2章"我国农业气象灾害及其特点"由谭方颖、宋迎波执笔；第3章"作物产量动态预报技术"由宋迎波、郑昌玲、谭方颖、曹云、程路、王文峰、侯英雨、钱永兰执笔；第4章"作物产量动态预报业务服务系统"由宋迎波、李轩执笔。全书由宋迎波统稿。

本书比较全面地分析了我国粮食的产量结构与主要作物产量和种植面积演变趋势，介绍了主要农业气象灾害的分类、影响因子及分布特点，阐述了主要作物产量动态预报技术及业务服务系统，以供相关农业科技人员和高等院校师生等参考。限于编著人员的知识水平，书中不足之处在所难免，敬请读者批评指正。

王建林研究员、李朝生高级工程师对作物产量预报研究工作提供了大量的指导与帮助，在本书编写过程中提出了宝贵的修改意见，在此致以衷心地感谢！

本书由公益性行业（气象）科研专项“中国主要农作物产量动态预报技术方法研究”和农业科技成果转化资金项目“冬小麦产量动态预报技术推广应用”资助。

作者

2020 年 1 月

目　录

前言
第 1 章　粮食产量结构与演变趋势 …… (1)
1.1　粮食产量结构 …… (1)
1.1.1　全国粮食产量结构 …… (1)
1.1.2　全国玉米产量结构 …… (3)
1.1.3　全国水稻产量结构 …… (5)
1.1.4　全国小麦产量结构 …… (8)
1.2　主要作物产量与种植面积演变趋势 …… (9)
1.2.1　全国粮食产量与种植面积演变趋势 …… (9)
1.2.2　全国秋粮产量与种植面积演变趋势 …… (10)
1.2.3　全国夏粮产量与种植面积演变趋势 …… (10)
1.2.4　全国早稻产量与种植面积演变趋势 …… (11)
1.2.5　全国一季稻产量与种植面积演变趋势 …… (12)
1.2.6　全国晚稻产量与种植面积演变趋势 …… (12)
1.2.7　全国玉米产量与种植面积演变趋势 …… (12)
1.2.8　全国冬小麦产量与种植面积演变趋势 …… (13)
1.2.9　全国大豆产量与种植面积演变趋势 …… (14)
1.2.10　全国棉花产量与种植面积演变趋势 …… (14)
1.2.11　全国油菜产量与种植面积演变趋势 …… (15)
第 2 章　我国农业气象灾害及其特点 …… (16)
2.1　干旱 …… (16)
2.1.1　干旱定义及分类 …… (16)
2.1.2　干旱影响因子 …… (17)
2.1.3　干旱分布特点 …… (17)
2.2　洪涝 …… (18)
2.2.1　洪涝定义及分类 …… (18)
2.2.2　洪涝影响因子 …… (19)
2.2.3　洪涝分布特点 …… (19)
2.3　冷冻害 …… (21)
2.3.1　冷冻害定义及分类 …… (21)

2.3.2 冷冻害影响因子 …… (22)
2.3.3 冷冻害分布特点 …… (23)
第3章 作物产量动态预报技术 …… (25)
3.1 作物产量预报概述 …… (25)
3.2 基于历史丰歉气象影响指数的作物产量动态预报技术 …… (25)
3.2.1 基本原理 …… (26)
3.2.2 资料处理方法 …… (26)
3.2.3 预报因子与预报方法确定 …… (27)
3.3 基于关键气象因子影响指数的作物产量动态预报技术 …… (28)
3.3.1 资料处理方法 …… (28)
3.3.2 关键气象因子的确定 …… (30)
3.3.3 综合关键气象因子 …… (30)
3.3.4 基于综合关键气象因子的作物产量动态预报模型建立 …… (31)
3.4 基于气候适宜指数的作物产量动态预报技术 …… (31)
3.4.1 资料处理方法 …… (31)
3.4.2 适宜度模型建立 …… (31)
3.4.3 气候适宜指数 …… (42)
3.4.4 基于气候适宜指数的作物产量动态预报模型 …… (43)
3.5 基于作物生长模型的作物产量动态预报技术 …… (43)
3.5.1 作物生长模型概念和发展概况 …… (43)
3.5.2 基于作物生长模型的作物产量预报技术 …… (44)
3.5.3 基于作物生长模型的作物产量动态预报方法技术 …… (49)
第4章 作物产量动态预报业务服务系统 …… (55)
4.1 系统登录 …… (55)
4.2 系统主要功能 …… (55)
4.2.1 数据管理模块 …… (56)
4.2.2 数据分析模块 …… (79)
4.2.3 气候影响指数模块 …… (86)
4.2.4 产量历史丰歉影响指数模块 …… (92)
4.2.5 关键因子影响指数模块 …… (93)
4.2.6 产量预报模块 …… (95)
4.2.7 图形制作模块 …… (96)
4.2.8 帮助模块 …… (106)
4.3 系统操作说明 …… (106)
4.3.1 系统登录 …… (106)
4.3.2 数据管理模块操作流程 …… (106)

4.3.3　数据分析模块操作流程 …………………………………………………… (111)
4.3.4　气候影响指数模块操作流程 ……………………………………………… (114)
4.3.5　产量历史丰歉指数模块操作流程 ………………………………………… (117)
4.3.6　关键因子影响指数模块操作流程 ………………………………………… (118)
4.3.7　产量预报模块操作流程 …………………………………………………… (119)
4.3.8　图形制作模块操作流程 …………………………………………………… (120)
4.3.9　帮助模块操作流程 ………………………………………………………… (124)

第 1 章　粮食产量结构与演变趋势

农业是国民经济的基础，粮食生产关系国计民生，稳定发展粮食生产是实现经济平稳较快发展和社会和谐稳定的基础，是保障国家粮食安全、国家自立的全局性重大战略问题。中华人民共和国成立以来采取了一系列发展粮食生产的政策措施，粮食产量逐年增长，保障了粮食的有效供给。但是，我国人均耕地面积只占世界平均水平的 1/4，人口仍呈现上升趋势，粮食需求不断增加；并且随着经济快速发展，粮食生产面临生产成本上升、从业人口下降、粮食结构发生变化、部分地区水资源紧缺、干旱等灾害频发等新的生产形势。同时，全球人口增长和经济快速发展也加大了对粮食的需求，尤其是美国、欧洲部分国家大量使用粮食进行生物燃料生产，使粮食需求猛增，价格明显上升，导致粮食贸易存在不确定性和被动性，因此，粮食安全问题面临严峻挑战。

此外，在全球气候变暖背景下，未来气候变化对我国的不利影响较为严重。《中国应对气候变化国家方案》(2008)中指出，气候变化对中国国民经济主要产生负面影响，中国未来粮食生产在气候变化背景下将面临三个突出问题：一是粮食生产会变得不稳定，粮食产量波动变大，如果不采取相应的适应性措施，水稻、小麦、玉米三大粮食作物均将以减产为主；二是粮食生产结构和布局会发生变动，作物种植制度可能产生较大变化；三是农业生产条件会发生改变，农业生产成本因为气候变化会大幅度增加。

因此，分析我国粮食生产规律，对保障我国粮食安全、维护社会稳定和经济平稳发展，具有十分重要的意义。

1.1　粮食产量结构

利用国家统计局公布的 2007—2016 年统计数据，分别对全国粮食、水稻、玉米、小麦等作物产量进行相关分析。

1.1.1　全国粮食产量结构

1.1.1.1　全国粮食产量分季节组成结构

全国粮食产量按季节分，由夏粮、早稻、秋粮产量构成。其中，秋粮产量比例最高，占全国粮食总产量的 73.0%；夏粮产量次之，占 21.6%；早稻比例最小，占 5.4%(图 1.1)。

1.1.1.2　全国粮食产量分品种组成结构

玉米、水稻和小麦是我国主要的粮食作物，其中，玉米产量占全国粮食总产量比例最高，约 36.4%，水稻和小麦分别占 34.1%和 20.5%，其他作物占 9.0%(图 1.2)。

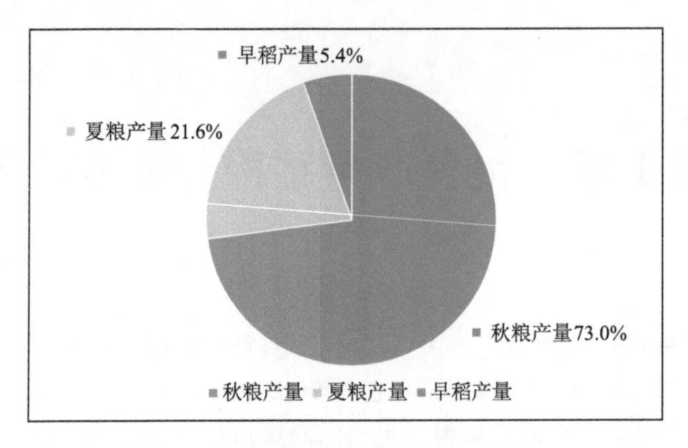

图 1.1 全国粮食产量分季节组成结构

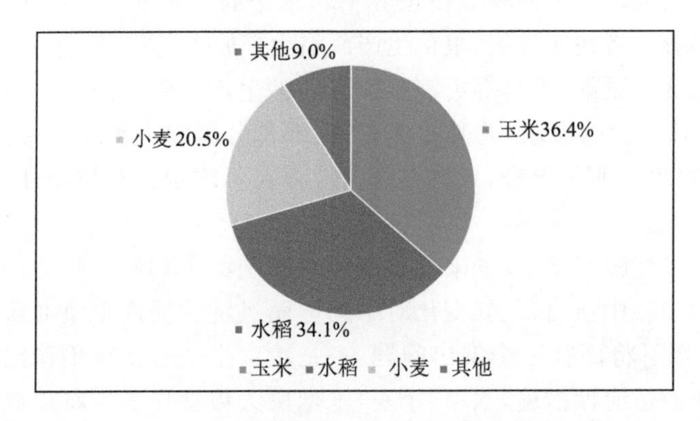

图 1.2 全国粮食产量分品种组成结构

1.1.1.3 全国粮食产量分区域组成结构

分地区来看，除西藏自治区外，华北黄淮、东北地区是全国粮食总产量占比最高的两个地区，所占比例分别为 26.0%、23.7%，江淮江汉、西南和江南地区所占比例分别为 15.7%、11.9%和 9.9%，西北地区和华南地区占比均不足 7%(图 1.3)。

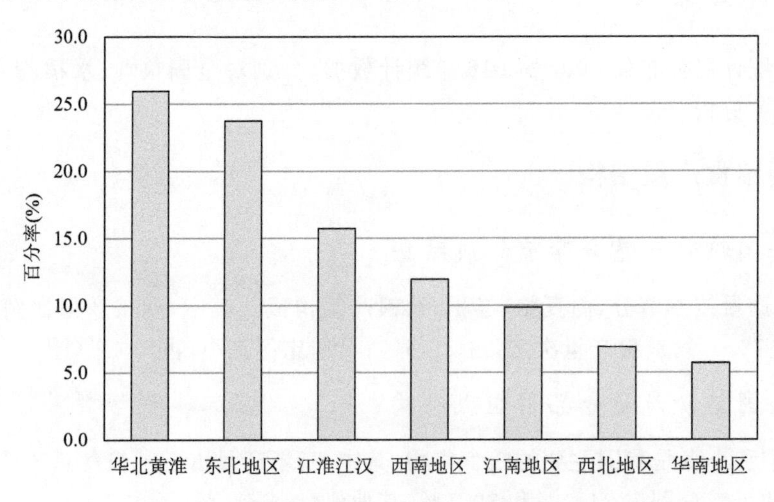

图 1.3 主产地区粮食产量占全国粮食总产量百分率

分省来看，粮食总产量位居全国前十位的主产省份中，黑龙江、河南、山东粮食产量占全国粮食总产量的百分率超过7.5%，安徽、江苏、河北、吉林、四川、湖南、内蒙古粮食产量占全国粮食总产量的百分率为4%～6%（图1.4）。

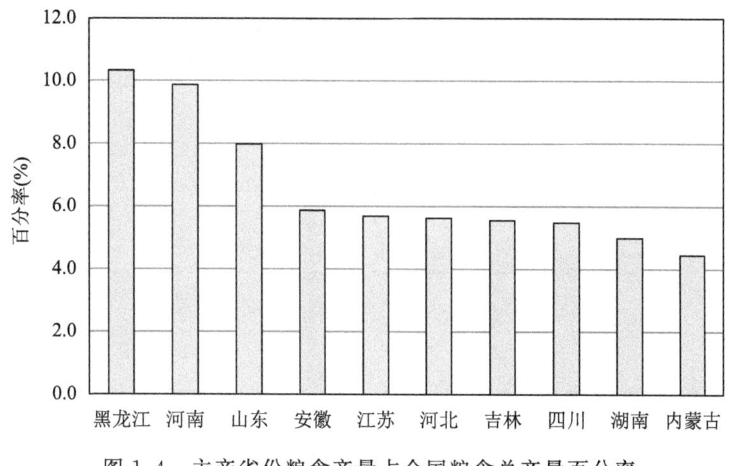

图1.4　主产省份粮食产量占全国粮食总产量百分率

1.1.2　全国玉米产量结构

玉米总产量位居全国前十位的主产省份中，黑龙江产量最高，占全国玉米总产量的13.9%，吉林和山东分别为11.7%、10.3%，分列第二、第三位；内蒙古、河南、河北、辽宁占比超过6%，山西、四川、新疆超过3%（图1.5）。

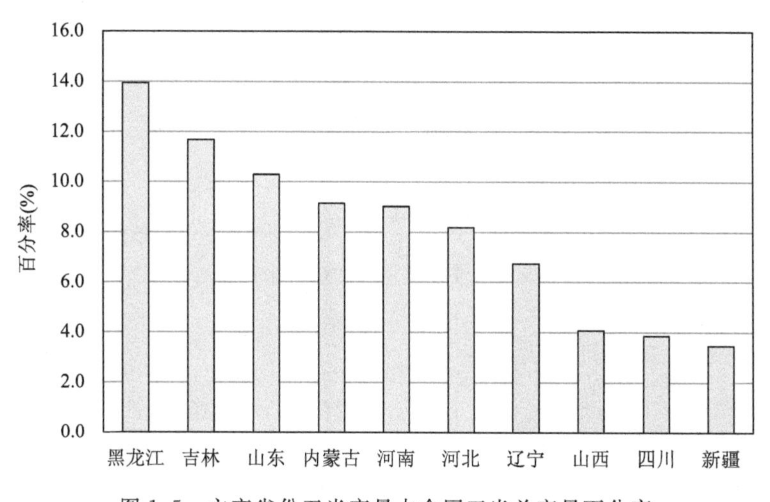

图1.5　主产省份玉米产量占全国玉米总产量百分率

1.1.2.1　东北地区玉米产量结构

东北地区是我国玉米产量最高的地区，主产省份玉米产量占全国玉米总产量的41.5%，其中，黑龙江玉米产量在东北地区玉米产量中所占比例最大，达33.6%；吉林和内蒙古分别为28.2%、22.0%；辽宁所占比例最低，为16.2%（图1.6）。

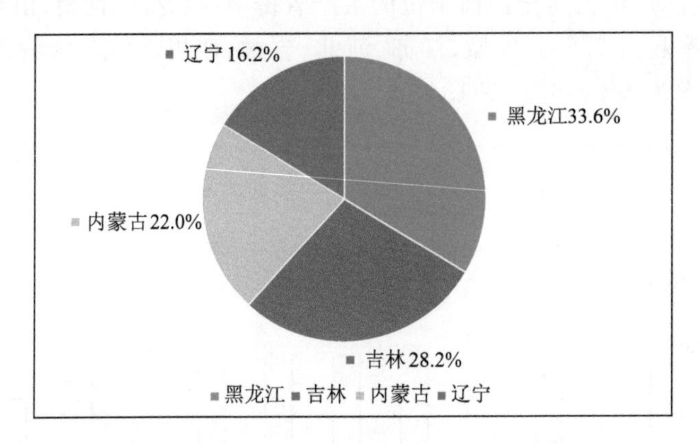

图 1.6　东北地区主产省份玉米产量百分率

1.1.2.2　华北黄淮地区玉米产量结构

华北黄淮地区玉米以夏玉米为主，华北西部和北部部分地区为春玉米，总产量仅次于东北地区，主产省份玉米产量占全国玉米总产量的 31.6%。其中，山东玉米产量在华北黄淮地区玉米产量中所占比例最大，达 32.6%；河南为 28.6%，河北为 25.9%，山西为 12.9%(图 1.7)。

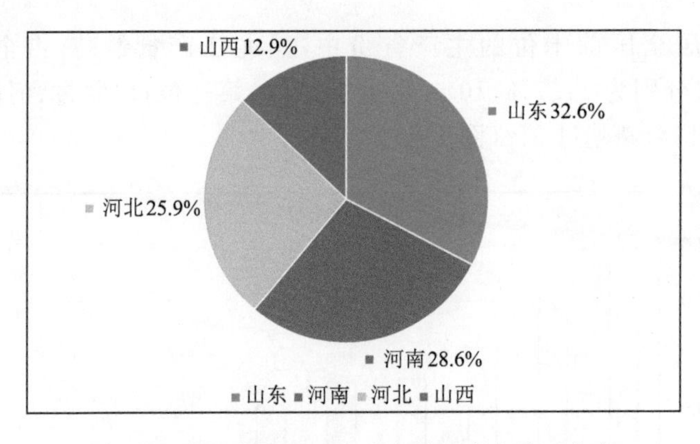

图 1.7　华北黄淮地区主产省份玉米产量百分率

1.1.2.3　西南地区玉米产量结构

西南地区主产省份玉米产量占全国玉米总产量的 9.8%，其中，四川玉米产量在西南地区玉米产量中所占比例最大，达 39.3%，云南为 32.7%，贵州为 16.4%，重庆为 11.6%(图 1.8)。

1.1.2.4　西北地区玉米产量结构

西北地区主产省份玉米产量占全国总产量的 9.1%，其中，新疆玉米产量在西北地区玉米产量中所占比例最大，达 38.1%；陕西次之，比例为 29.0%；甘肃为 23.4%，宁夏为 9.5%(图 1.9)。

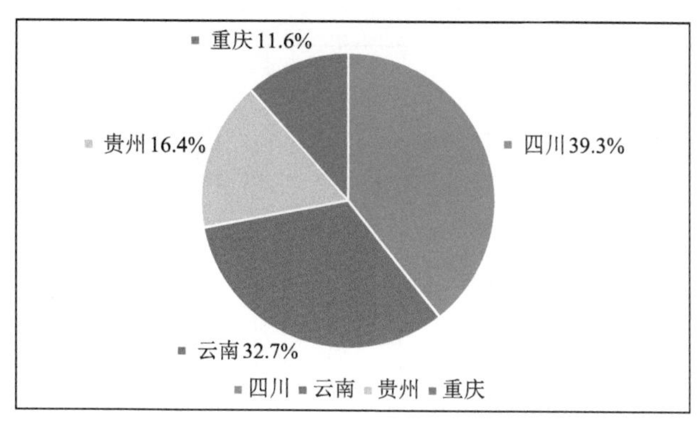

图 1.8　西南地区主产省份玉米产量百分率

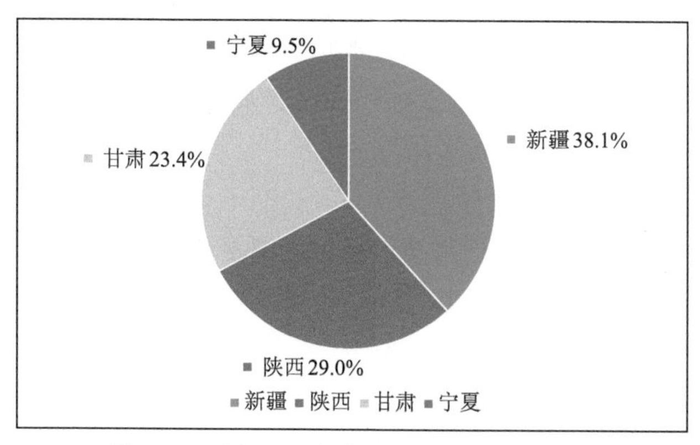

图 1.9　西北地区主产省份玉米产量百分率

1.1.3　全国水稻产量结构

全国水稻产量由一季稻、双季早稻、双季晚稻产量构成。其中，一季稻产量比例最大，占水稻总产量的 66.9%，早稻、晚稻产量比例分别为 15.8%和 17.3%(图 1.10)。

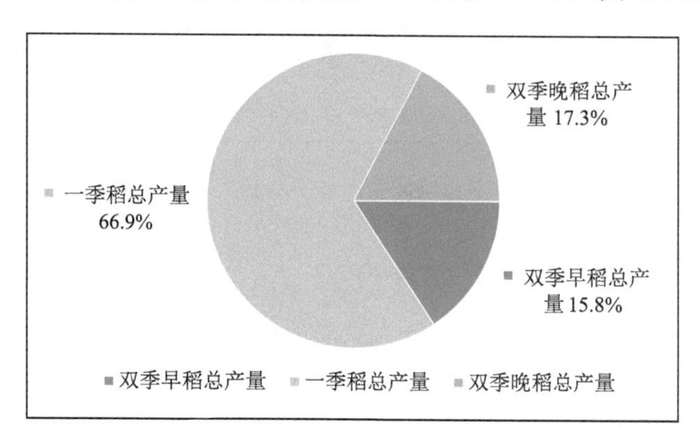

图 1.10　全国水稻总产量结构

分省来看，水稻总产量位居全国前十位的主产省份中，湖南总产量最高，占全国水稻总产量的 13.0%，黑龙江、江西、江苏、湖北水稻总产量占比超过 8%，安徽、四川、广西、广东占比超过 5%，吉林为 2.9%(图 1.11)。

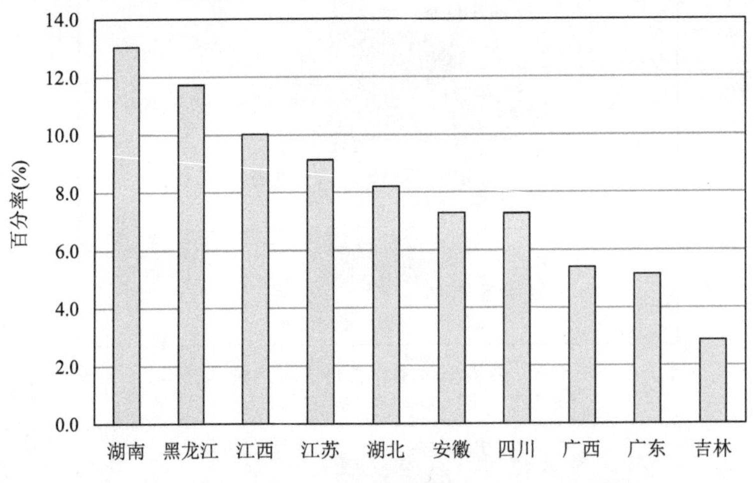

图 1.11 主产省份水稻产量占全国水稻总产量百分率

1.1.3.1 东北地区水稻产量结构

东北地区为一季稻产区，主产省份水稻产量占全国水稻总产量的 17.1%，其中，黑龙江水稻产量在东北地区水稻产量中所占比例最大，达 68.4%；吉林次之，占 16.8%；辽宁占 12.9%；内蒙古仅占 1.9%(图 1.12)。

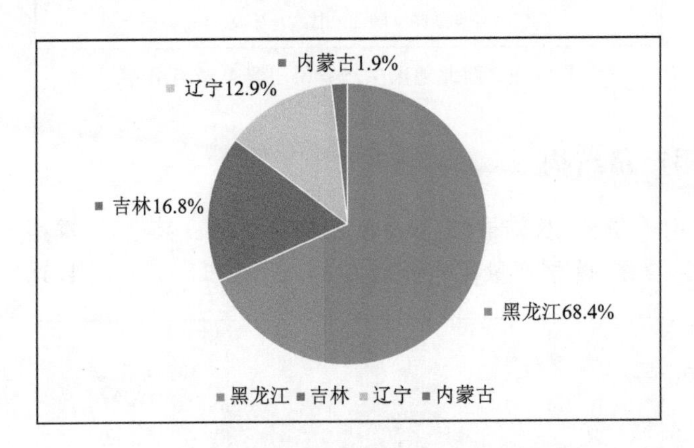

图 1.12 东北地区主产省份水稻产量百分率

1.1.3.2 长江中下游地区水稻产量结构

长江中下游地区多为一季稻产区，部分为双季稻产区，主产省份水稻产量占全国水稻总产量的 27.3%，其中，江苏水稻产量在长江中下游地区水稻产量中所占比例最大，达 33.5%；湖北次之，占 30.1%；安徽占 26.7%；浙江占 9.7%(图 1.13)。

1.1.3.3 西南地区水稻产量结构

西南地区为一季稻产区，主产省份水稻产量占全国水稻总产量的 14.3%，其中，四川水稻产量在西南地区水稻产量中所占比例最大，达 50.7%；云南次之，占 19.5%；重庆占 16.8%；贵州占 13.0%(图 1.14)。

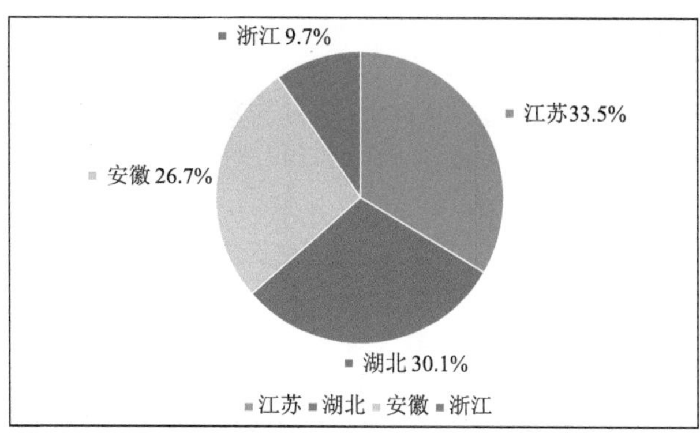

图 1.13　长江中下游地区主产省份水稻产量百分率

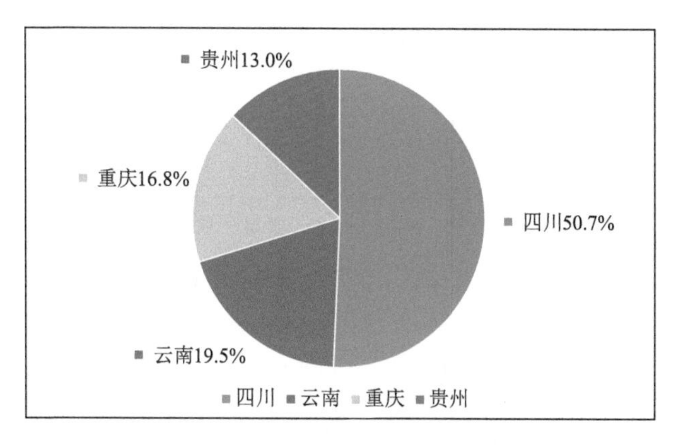

图 1.14　西南地区主产省份水稻产量百分率

1.1.3.4　江南、华南地区水稻产量结构

江南、华南为双季稻产区，主产省份水稻产量占全国水稻总产量的 36.5%，其中，湖南水稻产量在江南、华南地区水稻产量中所占比例最大，达 35.7%；江西次之，占 27.4%；广西、广东所占比例分别为 14.8%、14.1%；福建占 6.1%；海南占 1.9%(图 1.15)。

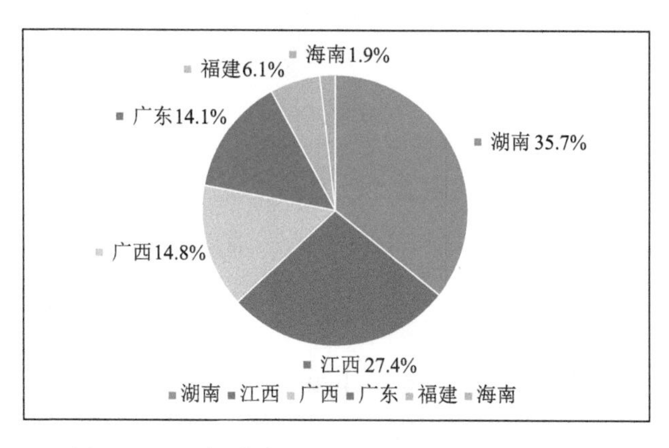

图 1.15　江南、华南地区主产省份水稻产量百分率

1.1.4　全国小麦产量结构

小麦总产量位居全国前十位的主产省份中，河南产量最高，占全国小麦总产量的 26.7%；山东次之，占 18.2%；安徽、河北、江苏超过 9%；新疆、陕西、湖北超过 3%，四川为 2.8%，甘肃为 2.2%（图 1.16）。

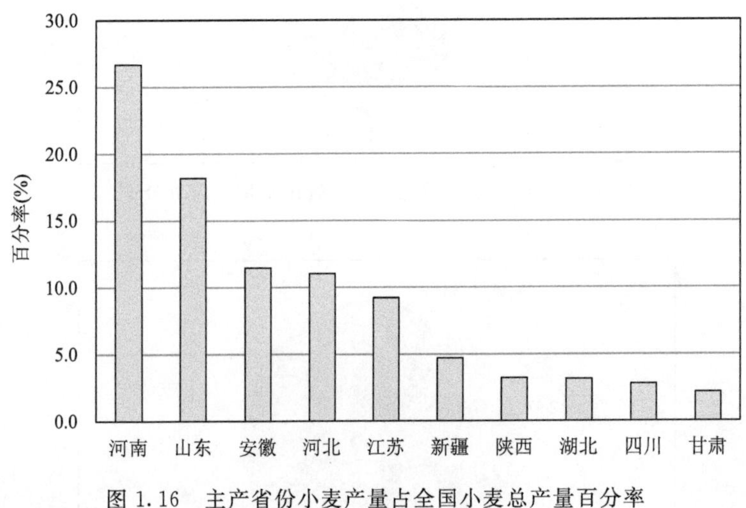

图 1.16　主产省份小麦产量占全国小麦总产量百分率

1.1.4.1　北方麦区小麦产量结构

北方麦区是我国小麦主产区，主产省份小麦产量占全国小麦总产量的 67.8%，其中，河南、山东、河北三省所占比例最高，分别占北方麦区的 39.3%、26.8%、16.3%；新疆为 7.0%，陕西为 4.7%，甘肃为 3.2%，山西为 2.7%（图 1.17）。

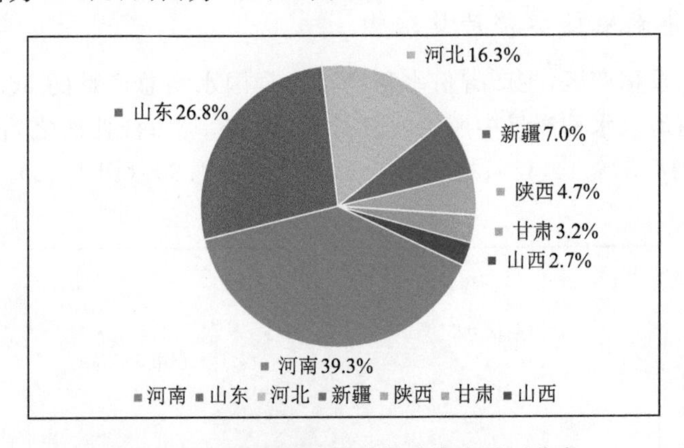

图 1.17　北方麦区主产省份小麦产量百分率

1.1.4.2　江淮江汉地区小麦产量结构

江淮江汉产区主产省份小麦产量占全国小麦总产量的 23.8%，其中，安徽小麦产量在江淮江汉地区小麦产量中所占比例最大，为 48.1%，江苏次之，为 38.7%，湖北为 13.2%（图 1.18）。

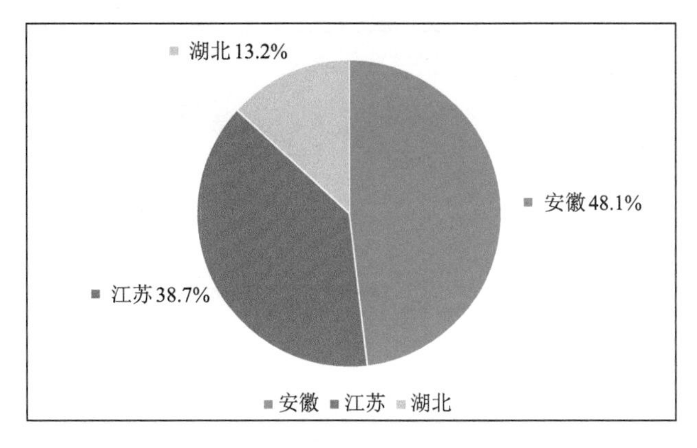

图 1.18　江淮江汉地区主产省份小麦产量百分率

1.1.4.3　西南地区小麦产量结构

西南地区主产省份小麦产量占全国小麦总产量的 4.1%，其中，四川小麦产量在西南地区小麦产量中所占比例最大，达 67.3%，云南次之，为 15.3%，贵州为 11.8%，重庆为 5.6%(图 1.19)。

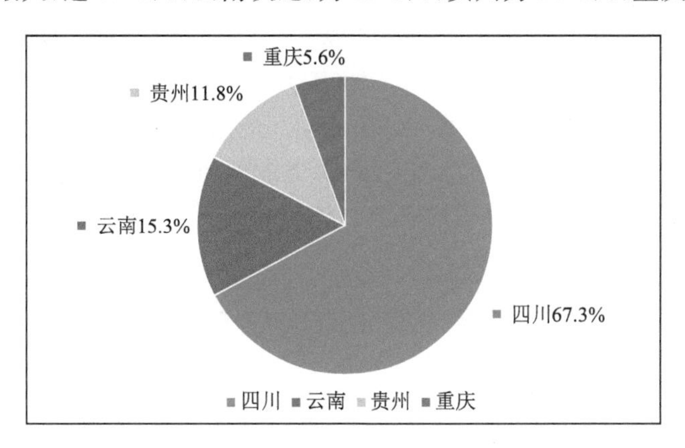

图 1.19　西南地区主产省份小麦产量百分率

1.2　主要作物产量与种植面积演变趋势

1.2.1　全国粮食产量与种植面积演变趋势

1981—2016 年，全国粮食总产量总体呈现上升趋势，但 1999—2003 年产量较前期有所下滑，尤其是 2003 年，粮食总产量降至 1990 年以来最低值；2004 年起粮食总产量实现“十二连增”，2015 年粮食总产量达到历史最高值。全年粮食种植面积在 1981—1998 年基本保持稳定，增减幅度较小；1999—2003 年出现连续下降，2003 年达到历史最低值；2004 年开始种植面积逐年恢复，至 2009 年，全国粮食种植面积稳定在 1.1 亿 hm^2 以上，2016 年达到历史最高值。全年粮食平均单产总体为上升趋势，2015 年达到历史最高值，2016 年、2014 年分列第二、第三位(图 1.20)。

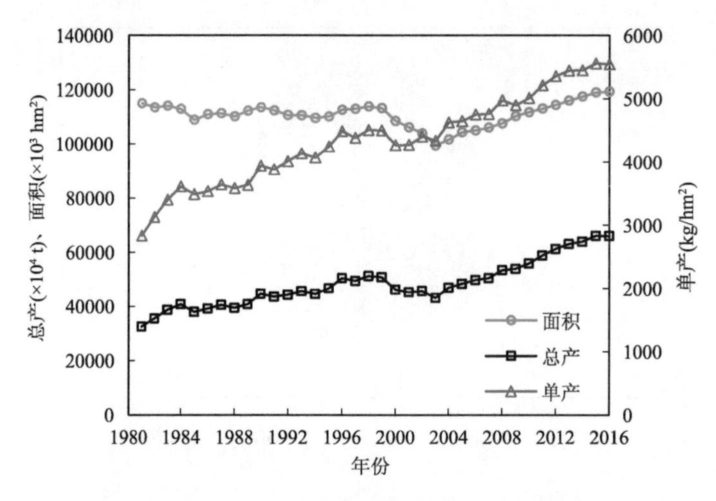

图 1.20　1981—2016 年全国粮食产量与种植面积变化

1.2.2　全国秋粮产量与种植面积演变趋势

全国秋粮总产量在 1981—1999 年总体呈现上升趋势，2000 年出现大幅下降，与 1999 年相比，降幅高达 17.4%；2003 年又出现较大幅度下降，从 2004 年开始呈上升趋势，至 2016 年达到历史最高，2015 年、2014 年分列第二、第三位。全国秋粮种植面积在 1982—1985 年和 2000—2003 年出现两次连续下降，2003 年达到历史最低值，2004 年开始种植面积逐年上升，2016 年达到历史最高值。全国秋粮平均单产总体呈现上升趋势，2015 年为历史最高值，2016 年、2013 年分列第二、第三位(图 1.21)。

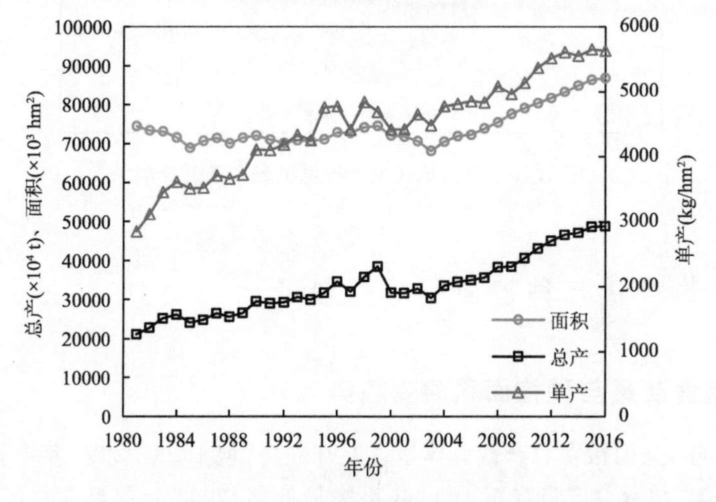

图 1.21　1981—2016 年全国秋粮产量与种植面积变化

1.2.3　全国夏粮产量与种植面积演变趋势

全国夏粮总产量在 1981—1997 年总体呈现上升趋势，但 1998—2003 年出现下滑，2003 年总产量降至 1990 年以来最低值；2004 年开始逐步恢复增长，2015 年总产量达到历史最高，

2016 年、2014 年分列第二、第三位。1981—1997 年全国夏粮种植面积基本保持稳定，但 1998—2004 年出现连续 7 年下降，并在 2004 年降至历史最低水平；2005—2016 年夏粮种植面积呈恢复性增长，但比 1981—1997 年的平均种植面积仍明显偏少。全国夏粮平均单产呈现上升趋势，2004—2013 年平均单产水平达到 4000 kg/hm^2 以上，2014 年突破 5000 kg/hm^2，2016 年达到历史最高(图 1.22)。

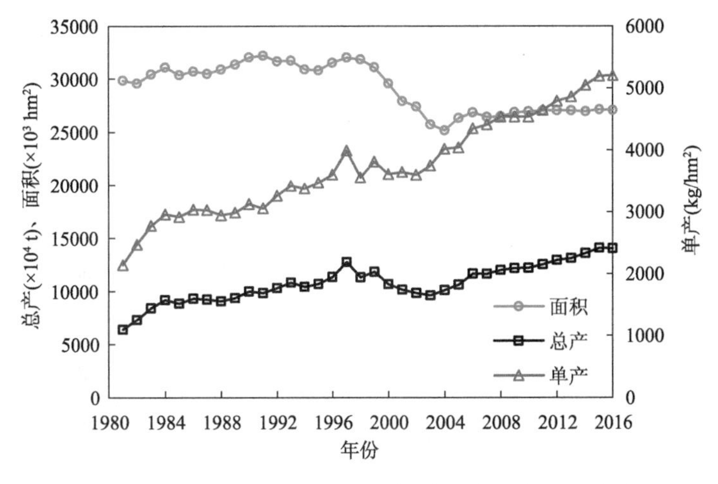

图 1.22　1981—2016 年全国夏粮产量与种植面积变化

1.2.4　全国早稻产量与种植面积演变趋势

全国早稻总产量在 1981—2003 年总体呈现下降趋势，2003 年达到历史最低，2004 年开始略有增长，但整体水平仍明显低于 20 世纪 80 年代和 90 年代。1981 年以来，早稻种植面积呈现明显下降趋势，其中，2000—2003 年下降幅度最大，2004 年和 2005 年虽有所回升，但 2006 年开始总体仍呈现下降趋势，至 2016 年降至历史最低。1981—2016 年，早稻平均单产为持平略增趋势，2015 年达到历史最高，2016 年、2014 年分列第二、第三位(图 1.23)。

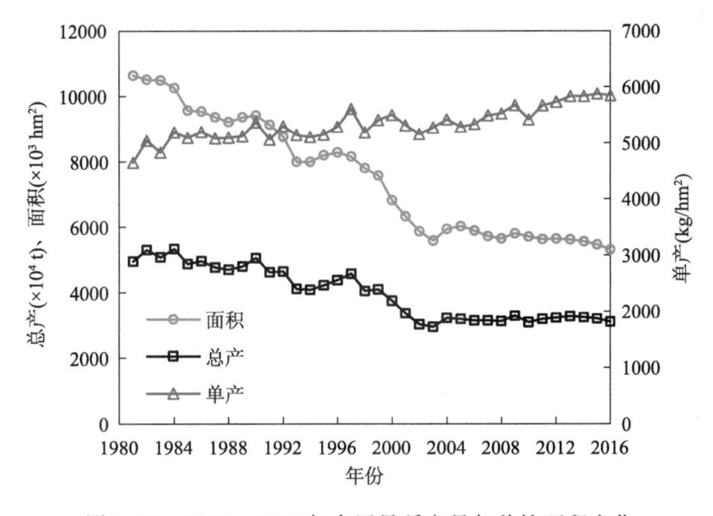

图 1.23　1981—2016 年全国早稻产量与种植面积变化

1.2.5 全国一季稻产量与种植面积演变趋势

全国一季稻总产量与种植面积均呈上升趋势，其间在 1993—1994 年、2001 年和 2003 年均出现较明显的下降，其中 1993 年种植面积和总产量与 1992 年相比，降幅分别达 14.3%和 14.2%；2004 年开始，一季稻总产量和种植面积呈现上升趋势，并均在 2016 年达到历史最高值。一季稻平均单产也呈现波动上升趋势，1982—1984 年、1995—1998 年保持连续增长，但 1999—2001 年又出现连续 3 年下滑，2002 年开始波动上升，至 2015 年达到历史最高值（图 1.24）。

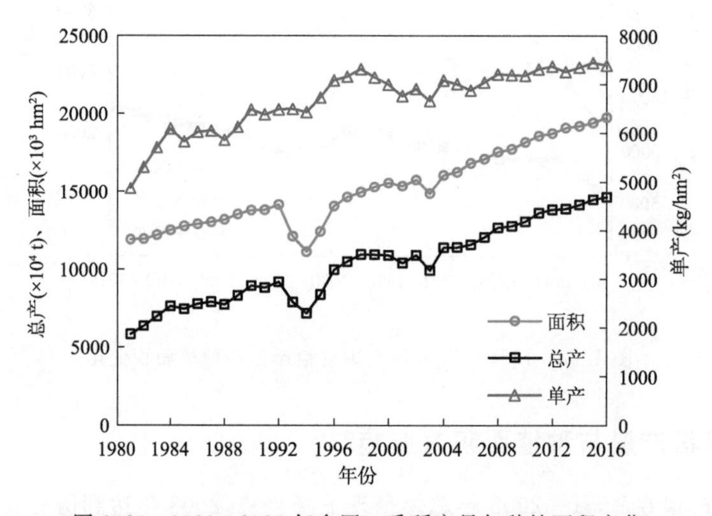

图 1.24 1981—2016 年全国一季稻产量与种植面积变化

1.2.6 全国晚稻产量与种植面积演变趋势

全国晚稻总产量在 1981—1994 年呈上升趋势，1994 年达到历史最高值；1995—2003 年产量逐年下滑，并在 2003 年达到历史最低值；2004—2016 年总产量基本保持稳定，维持在 3250～3600 万 t。晚稻种植面积总体呈下降趋势，其中，1995—2003 年出现大幅下降，2003 年种植面积仅为 1994 年的 54.8%；2004—2005 年略有回升，但 2006 年开始持续下降，至 2016 年达到历史最低值。晚稻平均单产在 1981—1995 年呈上升趋势，1996—2004 年总体呈下降趋势，2005—2016 年平均单产小幅上升，并在 2015 年达到历史最高（图 1.25）。

1.2.7 全国玉米产量与种植面积演变趋势

1981 年以来，全国玉米总产量和种植面积均呈现明显上升趋势，并同时在 2015 年达到历史最高值，2016 年受种植结构调整的影响，种植面积出现下降。玉米平均单产呈波动上升趋势，1985 年、1994 年、1997 年、1999—2000 年以及 2009 年均比上年出现了 5%以上的下降，2010—2013 年连续增长，并在 2013 年达到历史最高值（图 1.26）。

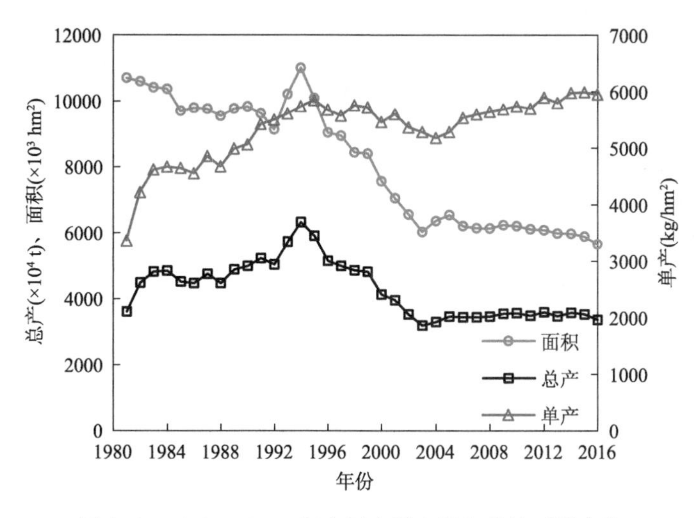

图 1.25　1981—2016 年全国晚稻产量与种植面积变化

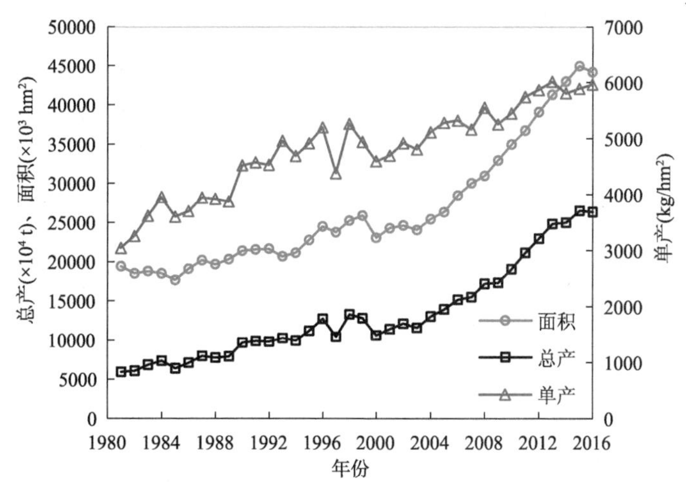

图 1.26　1981—2016 年全国玉米产量与种植面积变化

1.2.8　全国冬小麦产量与种植面积演变趋势

全国冬小麦总产量在 1981—1997 年呈现上升趋势，但 1998—2003 年出现下滑，2003 年总产量降至 1990 年以来最低值；2004—2016 年实现十三连增，2016 年总产量达到历史最高值，2015 年、2014 年分列第二、第三位。1981—1998 年全国冬小麦种植面积基本保持稳定，1998 年达到历史最高；但 1999—2004 年出现连续 6 年下降，并在 2004 年降至历史最低水平，2005—2016 年呈恢复性增长。全国冬小麦平均单产呈现上升趋势，2016 年达到历史最高(图 1.27)。

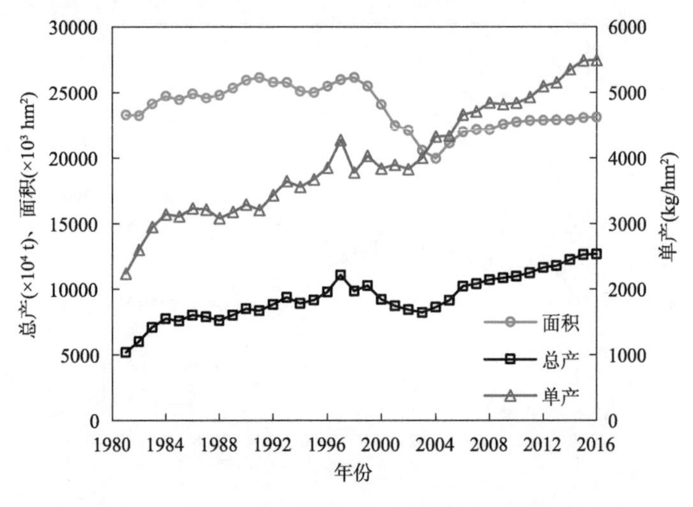

图 1.27　1981—2016 年全国冬小麦产量与种植面积变化

1.2.9　全国大豆产量与种植面积演变趋势

1981—2004 年，全国大豆总产量呈波动上升趋势，2004 年达到历史最高值，2005 年开始呈现下降趋势，其中 2007 年和 2012 年降幅均在 9%以上。大豆种植面积呈波动下降趋势，1988—1991 年、1994—1996 年以及 2010—2013 年均出现了较大幅度的连续下滑，2015 年降至历史最低。大豆平均单产呈波动上升趋势，2002 年为历史最高值(图 1.28)。

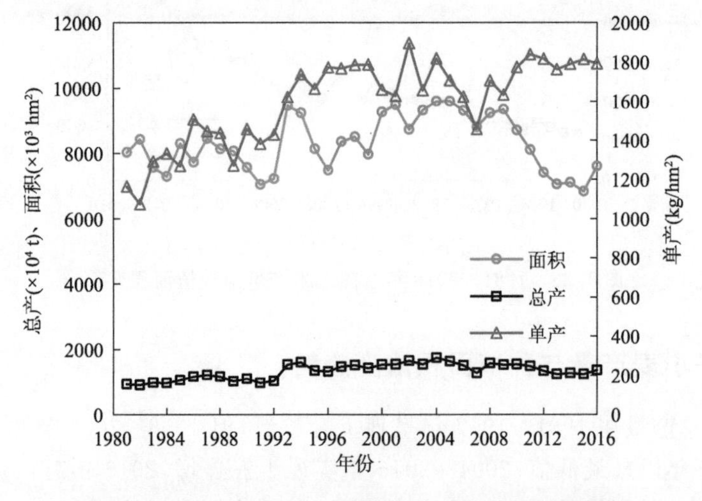

图 1.28　1981—2016 年全国大豆产量与种植面积变化

1.2.10　全国棉花产量与种植面积演变趋势

1981—2007 年，全国棉花总产量呈波动上升趋势，2007 年达到历史最高值；2008—2016 年产量总体呈下降趋势。全国棉花种植面积呈波动下降趋势，尤其是 2007—2016 年出现了较大幅度的下滑，2016 年降至历史最低。棉花平均单产呈波动上升趋势，其中，1982—1984 年、

1993—1997年、1999—2002年、2004—2007年均保持了连续增长，2016年平均单产达到历史最高(图1.29)。

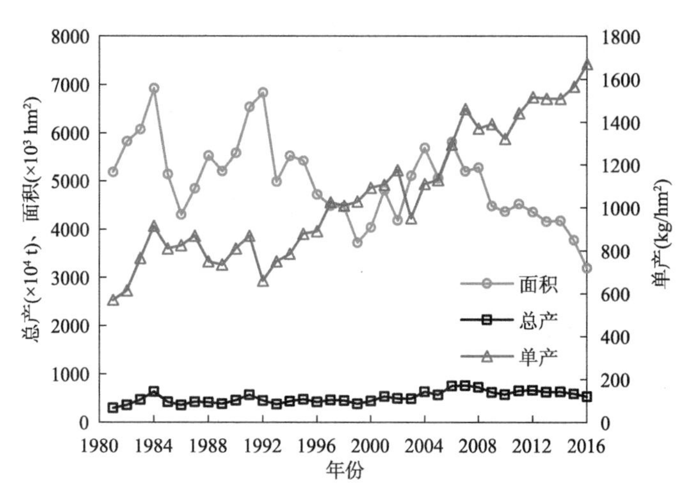

图1.29　1981—2016年全国棉花产量与种植面积变化

1.2.11　全国油菜产量与种植面积演变趋势

1981—2014年，全国油菜总产量呈上升趋势，2014年达到历史最高，2015年、2016年有所下降。1981—2000年油菜种植面积呈波动上升趋势，1985—1987年、1989—1991年、1998—2000年均保持了连续增长，2000年达到历史最高；2001—2016年种植面积总体保持稳定，但在2006年和2016年出现两次较大幅度的下降。油菜平均单产呈波动上升趋势，尤其是2011—2016年保持6年连续增长，2016达到历史最高(图1.30)。

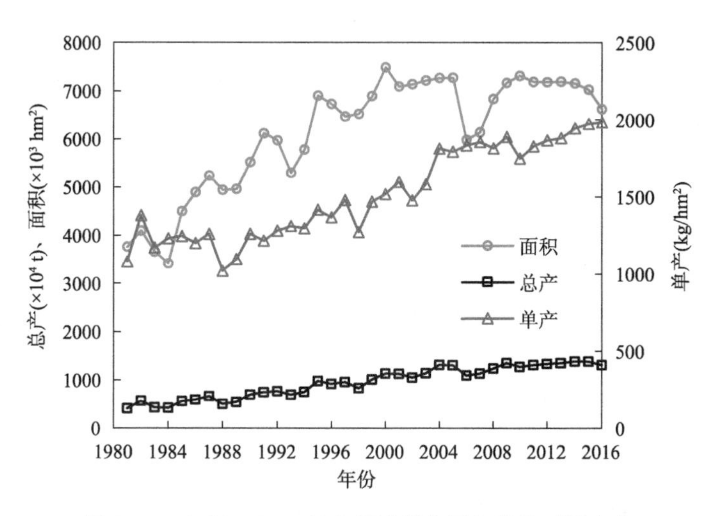

图1.30　1981—2016年全国油菜产量与种植面积变化

第2章　我国农业气象灾害及其特点

我国地处东亚季风区，是世界上主要的"气候脆弱区"之一，也是农业气象灾害多发区。据统计，我国每年因各种气象灾害造成的农田受害面积达5000万 hm^2，经济损失达2000多亿元。我国农业气象灾害具有发生频率高、多灾并发、突发性强、范围广、持续时间长和危害重的特点，而干旱、洪涝、冷害、霜冻等是我国目前较为重大的农业气象灾害，已对国家农业可持续发展和粮食安全构成严重威胁。因此，本章将针对以上主要农业气象灾害，通过分析其受灾和成灾面积，对灾害发生的时间和地域分布特点进行分析。

2.1　干旱

我国是全球干旱灾害发生最频繁的国家之一，1951—2010年间，我国年平均受旱面积约2155.9万 hm^2，因旱灾损失粮食约超过100亿kg，干旱严重地威胁着我国粮食和生态安全。

2.1.1　干旱定义及分类

世界气象组织将干旱分为气象干旱、气候干旱、大气干旱、农业干旱、水文干旱和用水管理干旱6种类型。本节主要介绍农业干旱。

农业干旱是指由于外界环境造成作物体内水分失去平衡而发生水分亏缺，影响作物正常生长发育，进而导致减产甚至绝收的一种农业气象灾害。造成作物缺水的原因很多，按其成因不同可将农业干旱分为土壤干旱、大气干旱和生理干旱。

土壤干旱是由于土壤含水量少，土壤颗粒对水分的吸力大，作物根系吸收的水分不足以补偿蒸腾的消耗，作物体内水分收支失去平衡，从而影响生理活动的正常进行而发生危害。

大气干旱是由于太阳辐射强、温度高、空气湿度低、风大时，大气蒸发力强，使作物蒸腾消耗的水分增多，根系从土壤中吸收的水量不足以补偿蒸腾的支出，导致作物体内水分状况恶化而造成的危害。

生理干旱是由于土壤环境条件不良，使作物根系的生理活动遇到障碍，导致作物体内水分失去平衡而发生的危害。

这三种干旱既有区别又有联系。大气干旱会加剧土壤蒸发和作物蒸腾，使土壤水分减少，所以长时间大气干旱会导致土壤干旱；另一方面，土壤干旱也会加重近地层的大气干旱，这两种干旱同时发生时危害最大。生理干旱的危害程度也与大气干旱和土壤干旱有关。在同样不利的条件下，如果土壤干旱，则生理干旱会加重；反之，若土壤水分比较充足，则土壤温度不易升得很高，土壤溶液浓度及有毒物质的含量不会很高，生理干旱就会减轻。在同样不利的土壤环境和土壤湿度下，如果发生大气干旱，蒸腾加剧，生理干旱会加重；反之，大气不干旱则生理干旱也较轻。

2.1.2　干旱影响因子

(1)气象因子

气象条件与农业干旱形成有关,特别是降水的多少和变化是农业干旱形成的主因。降水量是土壤水分的主要来源,降水量少必然造成土壤水分减少,供给作物的水分也相应减少。在作物生长发育期间,降水量在时间上的分配也与农业干旱形成密切相关,降水分布在作物需水关键期,就不易形成农业干旱,相反,则易旱。我国各地降水量的时间变化与大气环流关系密切,大气环流异常是造成降水量异常的主要原因。

(2)非气象因子

农田土壤状况。农田土地平整,利于纳雨保墒,减轻干旱;土壤结构良好,土质深厚、疏松,保水能力强,也会减轻干旱。

地理因素。一般来说,纬度低、距海近的地区降水多,发生干旱的机会少,平原、丘陵、山地和盆地等不同地貌降水分布有很大差异,会引起不同程度干旱。山脉走向阻挡气流运行,对农业干旱形成也有影响,迎风坡多雨,背风坡少雨,因此背风坡易旱。

生物因素。不同作物抗旱能力不同,抗旱能力强的作物受旱轻。作物不同生育阶段对缺水敏感性不同,缺水敏感阶段易受旱。植被具有截流蓄水、保持水土、提高土壤含水量、增加空气湿度的作用,因此,植被多的地方一般干旱较少,植被稀少的地方易发生干旱。

农业干旱的发生还有一定的社会原因。旱情是自然因素引起的,社会因素会影响旱情能否成灾和成灾轻重程度。大量砍伐森林,毁坏草地,减少植被,农业生态环境恶化,会促使农业干旱发生和发展。农业结构不合理,作物布局不当,作物需水量超过降水量,又没有其他水源供应,则会发生农业干旱。

2.1.3　干旱分布特点

利用1978—2015年全国31个省(自治区、直辖市)逐年干旱受灾、成灾面积,对我国干旱时间和地域分布特点进行分析。

2.1.3.1　干旱时间分布

1978—2015年我国年平均干旱受灾面积为2301.3万 hm^2,成灾面积为1173.1万 hm^2,其中受灾面积、成灾面积超过38年平均值的均有18年,约占总年数的47%(图2.1)。总体上,受灾累计面积与成灾累计面积时间变化曲线趋势较为一致,干旱明显集中的时期为20世纪80年代后期至21世纪初期,其中2000年、2001年、1997年、1992年干旱受灾面积和成灾面积最大,又以2000年为最,干旱造成的粮食损失约占当年粮食总产量的13%。干旱受灾较轻的时期主要为20世纪80年代前期和21世纪10年代以后,2010—2015年全国干旱受灾面积为1264.8万 hm^2,仅为38年平均值的55%。

2.1.3.2　干旱地域分布

干旱在全国各地都有可能发生,但具有明显的地域性。1978—2015年我国各省份干旱平均受灾面积为77.0万 hm^2,成灾面积为39.3万 hm^2,其中受灾面积超过各省平均值的省份有15个,约占全国总省份的48%,成灾面积超过各省平均值的省份有14个,约占全国总省份的45%,主要发生在长江流域以北地区,其中山东、河南、黑龙江、内蒙古、河北干旱受灾面积和成灾面积较大，而北京、新疆、青海等省份受灾面积较小，长江流域及其以南的四川、湖南、安徽、湖北和江苏受灾面积较大，上海、海南、福建、浙江、广东受灾面积较小（图 2.2），这可能与地理环境和防旱措施的综合影响有关。

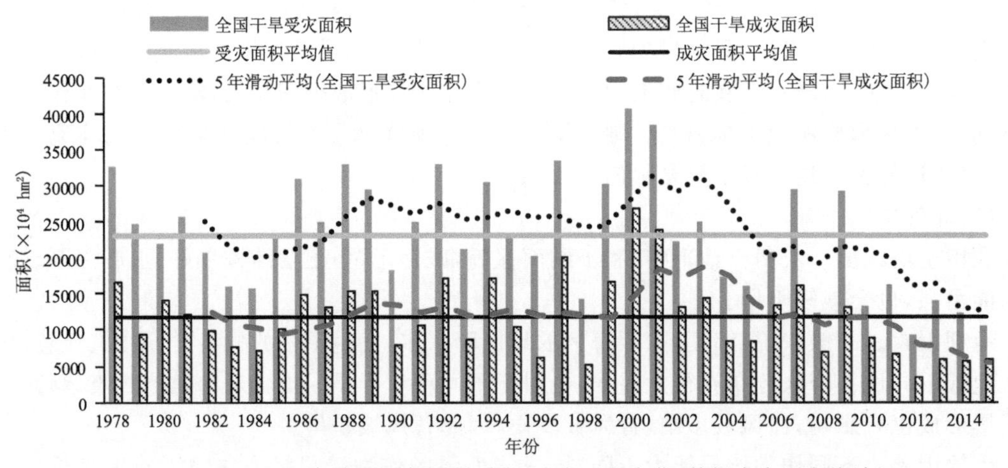

图 2.1　1978—2015 年全国历年干旱受灾、成灾面积变化（数据来自国家统计局）

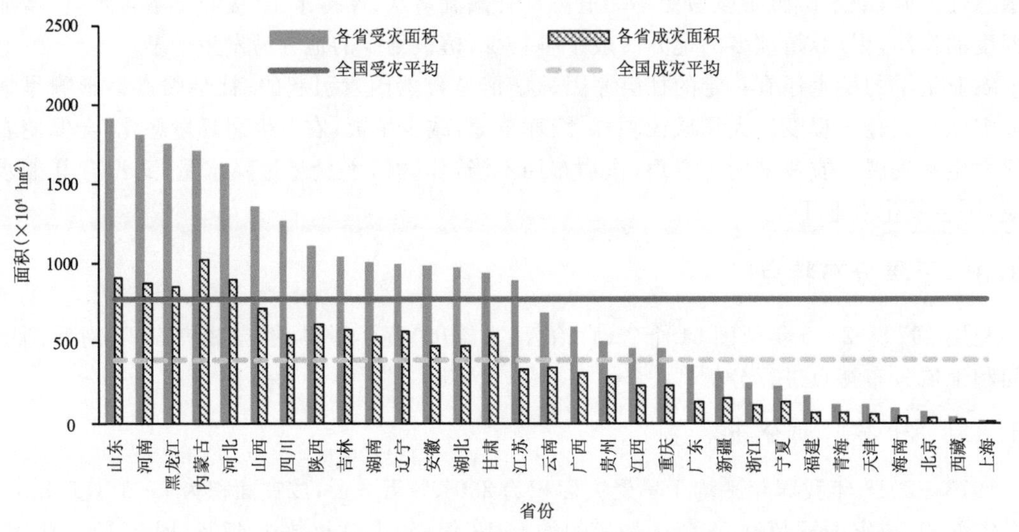

图 2.2　1978—2015 年全国各省份干旱受灾、成灾面积分布（数据来自国家统计局）

2.2　洪涝

中国是世界上洪涝灾害最严重的国家之一，1980—2010 年，洪涝灾害的年平均受灾面积为 982.3 万 hm^2，发生在我国的重大洪涝灾害，如 1998 年长江流域和 2007 年淮河流域的洪涝灾害，造成的直接经济损失甚至高达数千亿元。

2.2.1　洪涝定义及分类

洪涝是指因大雨、暴雨或持续降雨使低洼地区淹没、渍水的现象。主要危害农作物生长，造成作物减产或绝收，破坏农业生产以及其他产业的正常发展。本节主要介绍农业洪涝。

农业洪涝是由于降水过于集中或时间过长，导致农田地表积水或地下水饱和而造成的作物生长发育受阻、产量降低，甚至绝收的农业气象灾害。按照水分过多的程度，可分为洪灾、涝灾和湿害。

洪灾主要是指由暴雨或急骤融冰化雪、水库垮坝等引起山洪暴发，江河水量迅速增长，水位急剧上涨，河水泛滥，淹没农田园林，毁坏农舍和农业设施形成的灾害。

涝灾主要是指雨量过大或过于集中造成农田积水，无法及时排出，使作物受淹，受淹的持续时间超过作物的耐淹能力后而造成的灾害。

湿（渍）害是指因长期阴雨，地下水位升高及洪涝过后排水不良或早春积雪迅速融化，在土壤尚未化通时水分下渗受阻等，使作物根层土壤持续处于过湿状态，土壤中有不透水的障碍层，使作物根系长期被水浸泡缺氧，影响正常生长发育而造成灾害。

2.2.2　洪涝影响因子

（1）气象因子

降水过多、过于集中是发生洪涝灾害的直接原因。一个地区降水量的多少、季节分配的比例、雨季的长短与早晚是洪涝灾害发生的气候背景；而一年中季风的进退、雨带的活动等是其天气背景。

（2）非气象因子

地形。山岭与平原交界处是洪涝灾害多发区；汇水面积大而出口小的河流也容易发生洪涝灾害；山前低平的凹地、河网地区洪涝灾害发生的概率较高。

土壤结构。湿害常发区多为黏土或黏壤土，土质黏重，透水性能差，保水能力强。有些地区实行水旱轮作，稻田浸水时间长，季节紧，不进行农田干耕晒垡，土壤耕层变深，结构变坏，导致土壤滞水力过强，犁底层土壤过于紧实，通透性很差，易导致湿害发生。

种植作物种类及其所处的发育阶段。不同作物和不同生育时期对土壤过湿和积水的适应能力不同，涝渍害发生危害程度也不尽相同。

地下水位。如果地下水埋深甚浅，甚至抵达地表且较长期难以消退，则形成渍害。在水网圩区、滨湖滨河地区，地下水位高，土壤透水性差，一次较大的降雨后，地下水位很快上升到接近地面，形成过湿的环境而导致渍害。

人类活动。人类围垦造田，遇多雨年常发生洪涝灾害；对水利建设重视，洪涝灾害就相对较少，反之，则较多。对自然资源利用不当，也会加重洪涝灾害，主要表现在江河上盲目开石，破坏了防洪的天然屏障，侵占河床修房建厂，使河道变窄，筑堤堵壕，围河造田，毁坏河边林草，加剧河水冲刷，大量毁林开荒，森林植被减少，滞洪能力降低，水土流失加重等。

2.2.3　洪涝分布特点

利用 1978—2015 年全国 31 个省（自治区、直辖市）逐年洪涝受灾、成灾面积，对我国洪涝灾害时间和地域分布特点进行分析。

2.2.3.1　洪涝时间分布

1978—2015 年我国年平均洪涝受灾面积为 1091.2 万 hm^2，成灾面积为 599.6 万 hm^2，其中受灾、成灾面积超过 38 年平均值的分别有 16 年、13 年，约占总年数的 42% 和 34%（图 2.3）。总体上，受灾面积与成灾面积时间变化曲线趋势较为一致，洪涝明显集中的时期为 20 世纪 90 年代至 21 世纪初期，其中 1991 年、1998 年、2003 年、1996 年洪涝受灾面积和成灾面积最大，又以 1991 年为最，洪涝受灾和成灾面积分别是 38 年平均值的 2.3 倍和 2.4 倍。洪涝受灾最轻的时期为 21 世纪 10 年代初期以后，此时期全国洪涝受灾面积为 673.8 万 hm^2，为 38 年平均值的 62%。

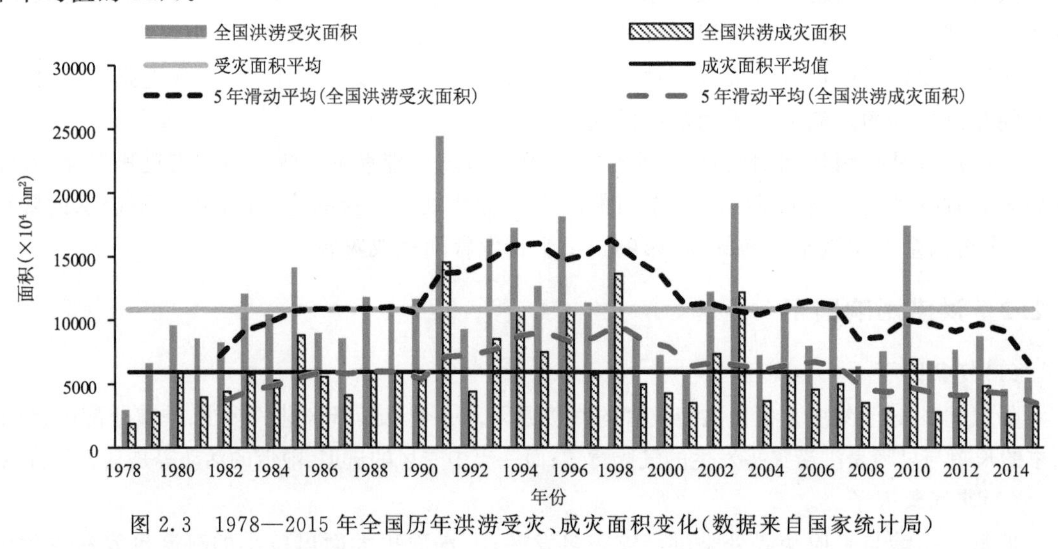

图 2.3　1978—2015 年全国历年洪涝受灾、成灾面积变化(数据来自国家统计局)

2.2.3.2　洪涝地域分布

我国季风气候显著，降水分配很不均匀，洪涝在各地也均有发生，但强度各异。我国各省份 1978—2015 年洪涝平均受灾面积约 36.1 万 hm^2，成灾面积约 19.9 万 hm^2，其中受灾面积、成灾面积超过各省平均值的省份分别有 12 个和 13 个，占全国总省份的 39%和 42%，主要出现在淮河流域、长江流域以及东北地区的部分省份，其中黑龙江、湖北、安徽、湖南、四川洪涝受灾面积最大，成灾面积最大的省份依次为安徽、黑龙江、湖南、湖北、河南，而重庆虽然受灾和成灾总面积未达到全国平均水平，但由于其总面积比较小，按其受灾面积来看，也属于洪涝受灾较严重的省份；淮河以北以及西南地区大部省份洪涝受灾总体偏轻，尤其是西藏、青海和新疆(图 2.4)。

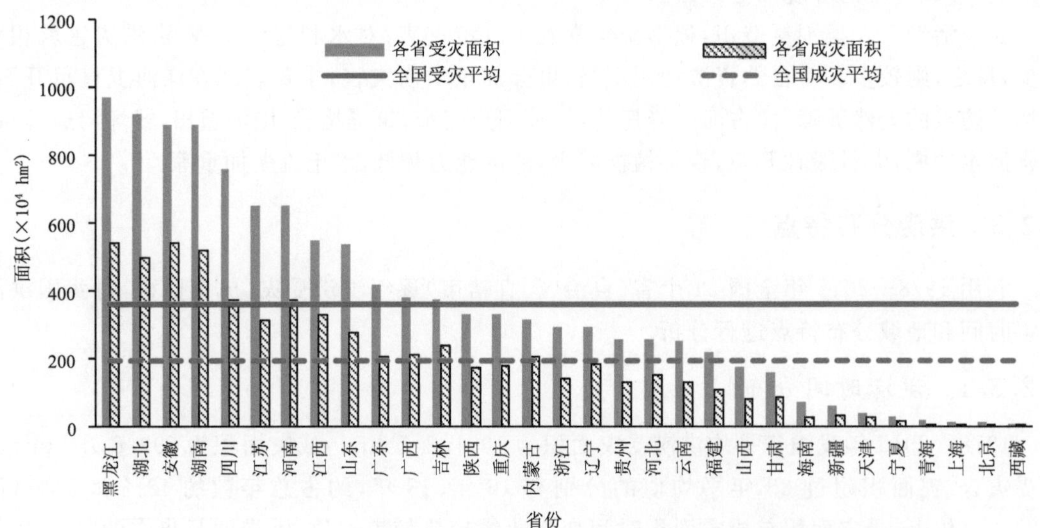

图 2.4　1978—2015 年全国各省份洪涝受灾、成灾面积分布(数据来自国家统计局)

2.3　冷冻害

2.3.1　冷冻害定义及分类

冷害和霜冻是我国农业生产上的重大灾害，对小麦、玉米、棉花、蔬菜、果树等都能造成严重的危害。

2.3.1.1　冷害

低温冷害是指农作物生育期间，某一时期或整个生育期间的气温低于作物生长发育要求，引起农作物生育期延迟或生殖器官的生理机能受到损害，从而造成农业减产的一种自然灾害。由于不同地区农作物的种类不同，或者同一作物在不同的发育时期对温度的要求不同，因此，低温冷害具有明显的地域性。春季，发生在长江流域的低温天气，被称为春季低温冷害或“倒春寒”；东北地区 6—8 月出现的低温，被称为东北低温冷害或夏季低温冷害；秋季，长江流域和两广地区的低温冷害被称为秋季低温冷害或“寒露风”。

根据低温对作物危害的特点及作物受害的症状，可分为三种冷害类型。

延迟型冷害。是指低温在作物的生育期间，特别是营养生长阶段出现，引起作物生育期明显延迟。延迟型冷害的特点是使作物在较长时间内处于比较低的温度条件下，导致作物发育期延迟，有时在作物开花后遇到持续低温，致使不能充分灌浆、成熟，出现谷粒不饱满或半粒、秕粒，使千粒重下降。作物遭受延迟型冷害，不但产量不高，而且品质也明显下降。我国东北地区的水稻、玉米、高粱一般多发生延迟型冷害，长江流域的双季稻在苗期和移栽返青期也常有延迟型冷害发生。

障碍型冷害。是指作物在生殖生长的重要时期遇到低温，使生殖器官的生理机制受到破坏，导致发育不健全。如引起开花器官的障碍，则妨碍授粉、受精，造成不育或部分不育，产生空壳和秕粒。障碍型冷害的特点是低温的时间较短，主要发生在作物对低温较敏感的孕穗期和抽穗开花期。我国长江流域种植的后季稻在抽穗开花期往往遭遇这种短时间的低温危害；两广地区的山区、半山区农业生产中常出现障碍型冷害；东北地区的水稻一般在 8 月份抽穗开花，但有的年份因温度急剧下降偏早，也会出现障碍型冷害。

混合型冷害。是指延迟型冷害与障碍型冷害在同年度发生。这种冷害比单一性的冷害危害更严重。混合型冷害一般因作物营养生长期遇到低温，延迟抽穗开花，而抽穗开花期又遇低温，这样连续发生的冷害，会使农业造成大幅度减产。

2.3.1.2　霜冻

霜冻是一种零下低温灾害，指作物生长期间土壤或作物冠层附近的最低气温降到 0℃ 以下，使作物体内水分结冰，生理活动受到损害，或器官与组织受到冰晶挤压发生机械损伤的现象。有时地面或叶面上虽然出现白色冰晶即白霜，但植株体温并未下降到受害的临界温度以下，并没有发生霜冻灾害。有时由于空气中的水汽不足，虽然气温和植株体温均已降到零下，但并没有出现白霜，而植株仍然能够出现受害的症状，农民称之为“黑霜”，仍属霜冻的范畴。

根据霜冻发生的时期，可分为早霜冻和晚霜冻。

早霜冻是由温暖季节向寒冷季节过渡时期发生的霜冻。它发生在一年里有霜冻危害时段的早期。随着时间的推移,其发生频率逐渐提高,强度加大。在我国广大中纬度地带,常发生在秋季,所以也叫秋霜冻,危害尚未成熟的秋收作物和未收获的露地蔬菜;在四川盆地和南岭以南的低纬度地带,它发生在冬季,危害冬作物和常绿果树。

晚霜冻是由寒冷季节向温暖季节过渡时期发生的霜冻。它发生在一年里有霜冻危害的晚期。随时间推移,其发生频率逐渐减小,强度减弱。在中纬度地带发生在春季,所以又称春霜冻,危害春播作物的幼苗、越冬后返青的作物和开花的果树。在四川盆地和华南地区发生在冬季,危害冬季生长的作物。

2.3.2 冷冻害影响因子

2.3.2.1 冷害影响因子

(1)气象因子

气温明显偏低是低温冷害发生的直接原因。作物在不同发育期,当出现低于最适温度和生长的最低温度时,作物的正常生理活动会受到抑制,且低温的强度和持续时间影响着冷害的轻重程度,若时间比较短,温度回升后,作物仍能恢复正常生长发育,如果低温强度大和持续时间较长,便会发生冷害。

(2)非气象因子

不同作物、品种,在不同的生育阶段,能忍受的最低临界温度有很大差异,发生冷害的程度也不尽相同。

地理位置也是影响冷冻害发生的主要因素。低温是由于冷空气从高纬度暴发而引起的一种天气现象,一般纬度越高的地区气温的变动也越大,冷害发生频率越高,农业的减产幅度也较大。

实际生产中,在低农业生产水平条件下,追求高的产量和高的经济效益,盲目开垦土地,扩大作物种植面积,不适当地提高复种指数、引种晚熟高产品种,片面强调气候资源开发,不顾地区热量资源的组合特点及作物生理特性,超负荷利用气候资源也会引起冷害加重。

2.3.2.2 霜冻影响因子

(1)气象因子

天气因素是霜冻发生的主要因素。冷空气过后晴朗无风和干燥的夜晚,地面和叶面强烈辐射降温容易形成霜冻。多云的夜晚由于云对地面辐射的阻挡和反射,可以减轻霜冻。有风的夜晚由于上下层空气的混合,也不容易在地表和叶面形成霜冻。水汽充足时随着温度下降在地面和叶面上凝结成冰晶,能够释放一部分热量,并且覆盖在叶面上又有隔热作用,霜冻程度要轻于黑霜。

(2)非气象因子

在同一天气形势下,由于地形、水体、土壤等条件的不同,霜冻的严重程度也有很大差异。

不同尺度的地形对霜冻的发生有很大影响。大尺度地形对冷空气有明显的阻挡作用,冷空气越过山脉还有下沉增温效应,因此,山前的霜冻一般较轻。中尺度地形范围有几千米到几十千米,山间盆地和谷地容易积聚冷空气形成“霜穴”,是霜冻比较严重的地方。外围地形主要有冷空气难进难出、难进易出、易进难出和易进易出四种,以冷空气难进易出、向南张开的马蹄形地形霜冻灾害最轻;而以冷空气易进难出、向北张开的马蹄形地形霜冻最重。小尺度地形对霜冻也有影响。从坡向看，通常以东南坡的霜冻害为最严重，主要是由于作物在受冻后很快受到阳光的强烈照射，植株迅速蒸发失水而不能恢复。山坡的一定高度经常出现逆温，是霜冻比较轻的地区。片洼地的平流型霜冻和辐射型霜冻都较坡地为重，但对于平流型霜冻，迎风坡的霜冻要重于背风坡。

在水体附近，由于有水的调节作用，温度比较稳定，霜冻也比较轻。

土壤状况对霜冻影响也较大。湿润的土壤热容大，降温速度慢，不易受霜冻。疏松和干燥的土壤温度下降快，易受害。浅色的土壤白天吸热少，夜间降温后温度更低，易受害。沙土热导率高，降温快，也易受害。

作物自身条件也会影响霜冻的发生。不同种类作物发生霜冻的温度指标有较大差异，即使在同样低温条件下，不同作物发生霜冻的可能性和冻害程度有所不同；另一方面，作物在不同发育阶段对温度的敏感性也有一定差异，对于大多数作物来说，在苗期时抗冻能力较强，在开花期、生殖生长期抗冻能力较差；一些麦类和叶菜类作物抗冻害能力较强。因此，是否发生冻害与作物自身耐低温能力有关。

2.3.3　冷冻害分布特点

利用 1978—2015 年全国 31 个省(自治区、直辖市)逐年冷冻害受灾、成灾面积，对我国冷冻害时间和地域分布特点进行分析。

2.3.3.1　冷冻害时间分布

1978—2015 年我国年平均冷冻害受灾面积为 319.8 万 hm^2，成灾面积为 145.1 万 hm^2，其中受灾面积、成灾面积超过 38 年平均值的分别有 15 年和 14 年(图 2.5)。总体上，受灾面积与成灾面积时间变化曲线趋势较为一致，并且均呈现增加的趋势，冷冻害受灾和成灾面积最大的时期为 20 世纪 90 年代至 21 世纪 10 年代初期，其中 2008 年、1998 年、1999 年、2006 年冷冻害受灾面积和成灾面积最大。2008 年冷冻害受灾和成灾面积分别为 1469.6 万 hm^2 和 871.9 万 hm^2，是多年平均值的 4.6 倍和 6.0 倍，导致全国农作物绝收面积 197.1 万 hm^2。20 世纪90 年

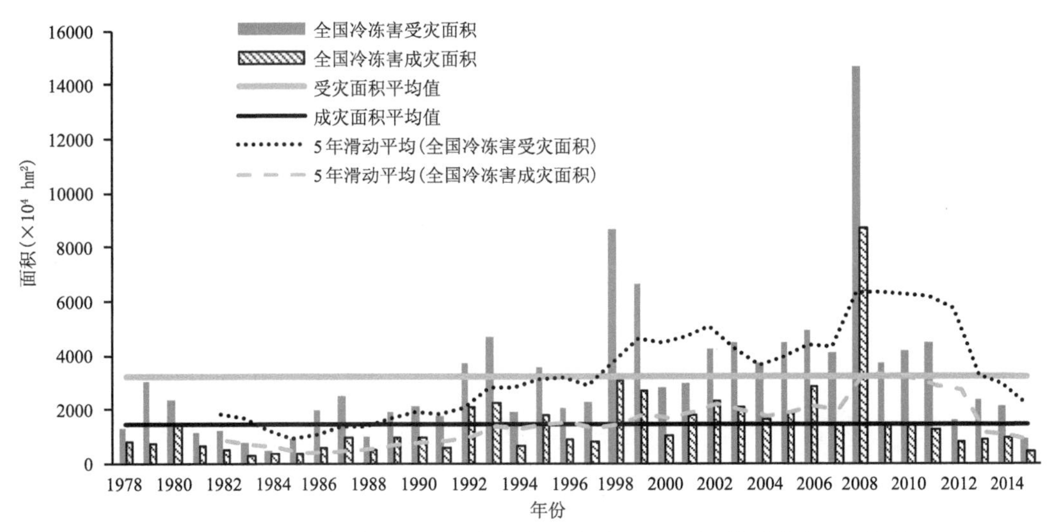

图 2.5　1978—2015 年全国历年冷冻害受灾、成灾面积变化(数据来自国家统计局)

代以前冷冻害受灾总体偏轻，此时期全国冷冻害受灾面积为 159.8 万 hm^2，为 38 年平均值的 50%。

2.3.3.2 冷冻害地域分布

1978—2015 年我国各省份冷冻害平均受灾面积约 12.2 万 hm^2，成灾面积约 5.8 万 hm^2，其中受灾面积超过各省平均值的省份有 18 个，约占全国总省份的 47%，成灾面积超过各省平均值的省份有 15 个，约占全国总省份的 48%，南北方均有出现，主要出现在江淮和江汉地区以及东北地区，其中湖北、安徽、江苏受灾面积最大，成灾面积最大的省份依次为湖北、湖南和黑龙江；华南大部省份以及青海、西藏等地冷冻害受灾总体偏轻，而云南虽然纬度较低，但其冷冻害受灾和成灾面积分别位于全国各省份的第 8 位和第 9 位，也属于冷冻害受灾较严重的省份（图 2.6）。

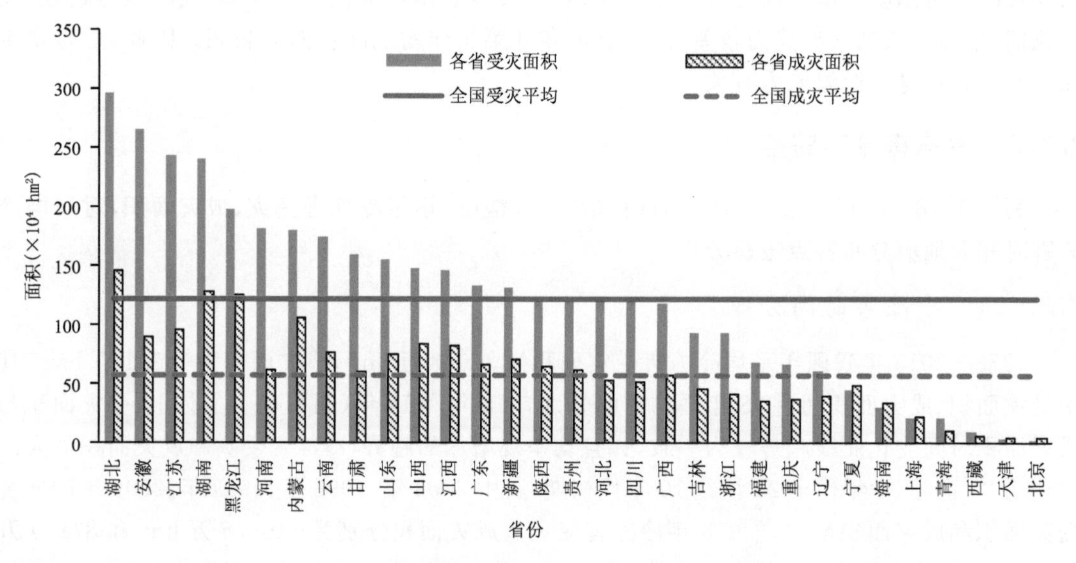

图 2.6 1978—2015 年全国各省份冷冻害受灾、成灾面积分布（数据来自国家统计局）

第 3 章　作物产量动态预报技术

3.1　作物产量预报概述

作物产量预报是根据作物播种前及其全生育期内的气象条件预测作物最终产量的农业气象预报。农作物的生长发育和产量形成不仅与农作物的品种特性、农业技术水平、土肥条件、病虫害等因子有关，与环境气象条件的关系也尤为密切。由于气象因子变率大，其他因子变化缓慢，因此，在影响作物产量的各种因子中，气象因子往往起着重要甚至是关键性的作用。

我国最早的作物收成估测报告为 20 世纪 30 年代末的《华北棉产汇报》，根据气候条件和虫害情况对棉花收成进行了估测。40 年代中期，涂长望论述了作物收成预测研究的意义、原理和方法。70 年代中后期，国家级和部分省、市、县气象部门试做了水稻、小麦等作物产量预报。20 世纪 80 年代，气象部门研制了基于回归统计的作物产量气象预报模式，并对遥感估产进行了研究。20 世纪 90 年代，逐步建成了国家级、省级、地(市)级、县级的农业气象产量预报业务系统。但随着我国经济发展，传统的农业气象产量预报已不能满足国家防灾减灾、粮食安全预警的需要，从 21 世纪初开始，我国开展了作物产量动态预报技术研究，并已实现业务应用。

农业气象产量预报方法主要有统计预报法、动力生长模拟预报法和遥感预报法。统计预报法是采用相关回归技术探索作物产量与影响因子之间的关系，建立统计预报模式，经显著性检验后应用于业务的一种方法。预报中一般将作物产量分解为趋势产量、气象产量和随机误差。趋势产量代表了农业技术措施及其他类似于这种影响的自然与非自然因素对产量贡献的总和，可采用滑动平均、线性、非线性、分段、Logistic 函数、指数等方法模拟。气象产量是经过趋势处理后的产量序列的剩余产量，一般采用回归模拟、聚类分析、周期分析、判别分析等方法模拟预测。随机误差是指计算误差和分析产量时无法分离的偶然误差，通常不予计算。动力生长模拟预报法是基于作物生长过程中物质、能量平衡和转换原理，利用作物生长发育的观测资料和环境气象资料，以光、温、水和土壤等为环境驱动变量，从模拟作物生长发育的基本生理过程着手，模拟作物产量形成和干物质积累的预报方法。遥感预报法是将遥感信息作为输入变量，用以反演直接或间接表达作物生长发育或产量形成过程中的关键参数，利用关键参数与作物单产的关系，建立回归模型估算作物产量的预报方法。

3.2　基于历史丰歉气象影响指数的作物产量动态预报技术

基于历史丰歉气象影响指数的作物产量动态预报技术是利用历史年与预报年作物播种后的逐日最高气温、最低气温、降水量和日照时数等资料，动态计算作物播种至不同预报时段的积温、标准化降水量、累积日照时数，在此基础上，计算预报年作物播种至预报时段气象要素与历史上任意一年、同一时段、同类气象要素间的欧氏距离和相关系数，通过相关系数与欧氏距离的比值建立综合诊断指标，根据综合诊断指标确定历史相似年型，利用相似年作物产量丰歉气象影响指数，分析确定预报年作物产量丰歉气象影响指数，建立作物产量动态预报模型。

3.2.1　基本原理

作物生长发育和产量形成是作物本身的生理特性和各种环境因子长期、综合作用下生物量不断累积的过程。相邻两年作物品种、土壤肥力和气象条件的变化导致了作物产量的变化，对较大区域而言，作物品种、土壤肥力相邻两年的变化比较小，相邻两年作物产量的变化主要是由气象条件的变化引起的。因此，相邻两年作物单产变化可用式(3.1)表达：

$$\Delta Y = F(\Delta m) \tag{3.1}$$

式中，ΔY 为相邻两年作物平均单产的变化，即作物产量丰歉气象影响指数；Δm 为相邻两年气象条件的变化。在不考虑作物品种变化条件下，同一地区的不同年份，如果相邻两年的气象条件变化相似，则产量的变化也应相近。因此，可通过研究预报年气象要素与历史年气象要素间的关系，预测作物平均单产的变化。

通过相关系数(式(3.2))和欧氏距离(式(3.3))建立综合诊断指标 C_{ik}(式(3.4))。

相关系数
$$r_{ik} = \frac{\sum_{j=1}^{N}(X_{ij} - \overline{X_i})(X_{kj} - \overline{X_k})}{\sqrt{\sum_{j=1}^{N}(X_{ij} - \overline{X_i})^2 \sum_{j=1}^{N}(X_{kj} - \overline{X_k})^2}} \tag{3.2}$$

欧氏距离
$$d_{ik} = \sqrt{\sum_{j=1}^{N}(X_{ij} - X_{kj})^2} \tag{3.3}$$

综合诊断指标
$$C_{ik} = \frac{r_{ik}}{d_{ik}} \times 100\% \tag{3.4}$$

式中，k 为预报年，i 为历史上的任意一年，j 为气象要素序号，X_{kj} 为预报年作物播种至发布预报时的第 j 个气象要素值，X_{ij} 为历史上任意一年同一时段同类气象要素值，N 为样本长度。C_{ik} 为预报年与历史上任意一年的综合诊断指标。C_{ik} 越大，则预报年气象条件与历史上某一年气象条件相似程度越高，其产量的变化也应越相近。但由于作物品种的不断更新、农业生产力水平的不断提高、发布预报时刻之后气象条件的不断变化等原因，使得气象条件相似的年份，作物产量变化却不一定最接近。因此，在确定 ΔY 的计算方法时，在积温、标准化降水量和累积日照时数 3 个因子中分别选取 C_{ik} 值最大、次大和第三的 3 个历史相似年型，得到 9 个 ΔY，利用不同的分析方法，研究历史相似年型 9 个 ΔY 与预报年产量的实际变化，根据历史年预报准确率的高低，最终确定预报年作物 ΔY 的计算方法。

3.2.2　资料处理方法

3.2.2.1　产量资料处理

作物平均单产的变化在总产量的变化中起着决定性的作用，由于相邻两年的作物品种、土壤肥力变化很小，相邻两年作物平均单产的变化主要是由气象条件差异引起的。为此，对作物平均单产做以下处理：

$$\Delta Y_i = (Y_i - Y_{i-1})/Y_{i-1} \times 100\% \tag{3.5}$$

式中，i 代表第 i 年，$i-1$ 为第 i 年的上一年；ΔY_i 为第 i 年与第 $i-1$ 年的作物平均单产的丰歉值，即气象产量；Y_i 和 Y_{i-1} 分别为第 i 年和第 $i-1$ 年作物的平均单产。

3.2.2.2 气象资料处理

(1)站点日平均气温

$$Ta_i = \frac{Th_i + Tl_i}{2} \tag{3.6}$$

式中，Ta_i 为区域内某一单站日平均气温，Th_i 为单站日最高气温，Tl_i 为单站日最低气温。

(2)气象要素区域平均值

利用式(3.7)计算作物生长季内逐日区域气象要素值。

$$\bar{X}_i = \frac{1}{n} \times \sum_{j=1}^{n} X_{i,j} \tag{3.7}$$

式中，$\bar{X}_i$ 为区域的逐日平均气温(Tr_i)、平均降水量(Pr_i)或平均日照时数(Sr_i)，n 为该区域内的作物代表站个数，$X_{i,j}$ 为各代表站的逐日平均气温(Ta_i)、降水量(P_i)或日照时数(S_i)。

(3)积温、累积降水量、累积日照时数

积温是大于0 ℃的逐日区域平均气温的累积；累积降水量是逐日区域平均降水量的累积；累积日照时数是逐日区域平均日照时数的累积。考虑到作物产量动态预报业务的需要，从作物播种至每月的5日、10日、15日……30日(或31日，或28日，或29日)，每隔5天(月末为6天或4天)累计一次。

(4)标准化降水量

为了考虑降水量及其时间分布差异对作物生长发育的影响，采用式(3.8)将累积降水量进行标准化处理，即：

$$Pb_i = Pc_i/\delta_i$$
$$\delta_i = \sqrt{\sum_{i=1}^{m} (Pc_i - Pc_a)^2/(m-1)} \tag{3.8}$$

式中，Pb_i 为标准化降水量，Pc_i 为各时段累积降水量，δ_i 为 Pc_i 的标准差，m 为序列样本长度，Pc_a 为 Pc_i 的算术平均值。

3.2.3 预报因子与预报方法确定

3.2.3.1 大概率法

大概率预报方法是选取9个 ΔY 中增产或减产概率多的 ΔY 的平均值。

$$\Delta Y = \begin{cases} \dfrac{\sum \Delta Y_{i(+)}}{l} & (l > m) \\ \dfrac{\sum \Delta Y_{i(-)}}{m} & (l < m) \end{cases} \tag{3.9}$$

式中，$\sum \Delta Y_{i(+)}$ 为积温、标准化降水量、累积日照时数综合诊断指标最大、次大和第三大的9个历史相似年型中丰歉气象影响指数为正值的各个结果的累加，$\sum \Delta Y_{i(-)}$ 分别为积温、标准化降水量、累积日照时数综合诊断指标最大、次大和第三大的9个历史相似年型中丰歉气象影响指数为负值的各个结果的累加，l 为丰歉气象影响指数为正值的个数，m 为丰歉气象影响指数为负值的个数。

3.2.3.2 加权法

加权预报方法是同时考虑增产和减产年，以9年中增产年份和减产年份的比例为权重进行加权集成。

$$\Delta Y = \frac{\sum \Delta Y_{i(+)}}{l} \times a_{(+)} + \frac{\sum \Delta Y_{i(-)}}{m} \times a_{(-)} \tag{3.10}$$

式中，$\sum \Delta Y_{i(+)}$、$\sum \Delta Y_{i(-)}$、l、m 与式(3.9)同，$a_{(+)}$、$a_{(-)}$ 分别为预报结果为正值、负值的概率。

3.3 基于关键气象因子影响指数的作物产量动态预报技术

基于关键气象因子影响指数的作物产量动态预报技术是根据作物生长期内各时段不同气象因子与气象产量间相关系数的大小，并结合作物的生物学特性，确定影响作物产量形成的关键气象因子，利用关键气象因子与气象产量的关系，应用统计学方法，建立作物产量动态预报模型。

3.3.1 资料处理方法

3.3.1.1 产量资料处理

作物产量一般表示为：

$$Y_i = Y_{ti} + Y_{wi} \tag{3.11}$$

式中，Y_i 为作物的平均单产，Y_{ti} 为作物农业技术产量，Y_{wi} 为作物气象产量。

根据 $Y_i = Y_{ti} + Y_{wi}$ 的原则，$Y_{wi} = Y_i - Y_{ti}$，考虑到产量变化的可比性，采用相对产量表述气象产量，即：

$$\Delta Y_i = (Y_i - Y_{ti})/Y_{ti} \times 100\% \tag{3.12}$$

式中，ΔY_i 为第 i 年作物气象产量，Y_{ti} 为第 i 年作物农业技术产量，Y_i 为第 i 年作物平均单产，$i=1,2,\cdots,N$。

作物农业技术产量可采用线性分离法、二次曲线分离法、滑动平均法、差值百分率法进行计算。

(1)线性分离法

$$Y_{ti} = a \times T_i + b \tag{3.13}$$

式中，Y_{ti} 为第 i 年作物农业技术产量，Y_i 为第 i 年实际产量，T_i 为时间变量(年代)，$i=1,2,\cdots,N$，a、b 为常数项：

$$a = \frac{N\sum_{i=1}^{N} T_i Y_i - \sum_{i=1}^{N} T_i \sum_{i=1}^{N} Y_i}{N\sum_{i=1}^{N} T_i^2 - (\sum_{i=1}^{N} T_i)^2}, b = \frac{\sum Y_i}{N} - a\frac{\sum T_i}{N}$$

(2)二次曲线分离法

$$Y_{ti} = b_0 + b_1 \times T_i + b_2 \times T_i^2 \tag{3.14}$$

式中，Y_{ti} 为第 i 年作物农业技术产量，T_i 为时间变量(年代)，$i=1,2,\cdots,N$，b_0、b_1、b_2 为常数项：

$$b_1 = \frac{L_{1y} \times L_{22} - L_{2y} \times L_{12}}{L_{11} \times L_{22} - L_{12} \times L_{12}}$$

$$b_2 = \frac{L_{1y} \times L_{12} - L_{2y} \times L_{11}}{L_{12} \times L_{12} - L_{22} \times L_{11}}$$

$$b_0 = \overline{Y} - b_1 \times \overline{T}_1 - b_2 \times \overline{T}_2$$

其中，$\overline{T}_1 = \frac{1}{n}\sum_1^n T_i$，$\overline{T}_2 = \frac{1}{n}\sum_1^n T_i^2$，$\overline{Y} = \frac{1}{n}\sum_1^n Y_i$，

$$L_{11} = \sum_1^n (T_{i1} - \overline{T}_1)^2,$$

$$L_{22} = \sum_1^n (T_{i2} - \overline{T}_2)^2,$$

$$L_{12} = \sum_{i=1}^n (T_{i1} - \overline{T}_1)(T_{i2} - \overline{T}_2),$$

$$L_{1y} = \sum_{i=1}^n (T_{i1} - \overline{T}_1)(Y_i - \overline{Y}),$$

$$L_{2y} = \sum_{i=1}^n (T_{i2} - \overline{T}_2)(Y_i - \overline{Y})。$$

(3)滑动平均法

$$Y_{tl} = \frac{1}{k}\sum_{m=0}^{k-1} Y_{i-m} \tag{3.15}$$

式中，Y_{tl} 为第 i 年作物农业技术产量，Y_i 为第 i 年实际产量，k 为滑动长度，$i=k，k+1,\cdots,N$；k 最好取奇数；$l=k+1$。

(4)差值百分率法

$$Y_{ti} = Y_{i-1} \tag{3.16}$$

式中，Y_{ti} 为第 i 年作物农业技术产量，Y_{i-1} 为第 i 年上一年的实际产量，$i=1,2，\cdots,N$。

3.3.1.2　气象资料处理

(1)站点日平均气温

$$Ta_i = \frac{Th_i + Tl_i}{2} \tag{3.17}$$

式中，Ta_i 为区域内某一单站日平均气温，Th_i 为单站日最高气温，Tl_i 为单站日最低气温。

(2)区域日平均气温

$$Tr_i = \left(\sum_1^n T_{ai}\right)/n \tag{3.18}$$

式中，Tr_i 为区域日平均气温，T_{ai} 为区域内各代表站的日平均气温，n 为区域内的代表站个数。

(3)区域时段平均气温

$$Td_i = \left(\sum_{i=1}^{m} Tr_i\right)/m \tag{3.19}$$

式中，Td_i 为区域时段平均气温；Tr_i 为区域日平均气温；m 为天数。

(4)积温

区域日平均气温≥10℃的值进行累加。

(5)高温日数

区域内各站点日最高气温≥35℃天数累计值。

(6)低温日数

区域内各站点日最低气温≤0℃天数累计值

(7)区域日平均降水量

同区域日平均气温的计算方法。

(8)区域时段降水量

$$Pd_i = \left(\sum_{i=1}^{m} Pr_i\right)/m \tag{3.20}$$

式中，Pd_i 为区域时段降水量；Pr_i 为区域日平均降水量；m 为天数。

(9)阴雨日数

区域内各站点日降水量≥0.1 mm 的日数的平均值。

(10)大到暴雨日数

区域内各站点日降水量≥25 mm 日数的平均值。

(11)区域旬日照时数

同区域旬降水量的计算方法。

3.3.1.3 气象因子归一化处理

由于选取的温度、降水、日照三类因子的量纲不同，因此，对气象因子进行归一化处理。

$$E_i = \frac{X_i - X_{\min}}{X_{\max} - X_{\min}} \tag{3.21}$$

式中，E_i 为选定时段内气象因子进行归一化后的要素值，X_i 为选定时段内某个气象因子要素值；$X_{\min}$ 为选定时段内某个气象因子历史最小值；$X_{\max}$ 为选定时段内某个气象因子历史最大值。

3.3.2 关键气象因子的确定

利用历史年各区域作物气象产量与其对应年份归一化处理后的平均气温、积温、高温日数、低温日数、降水量、降水日数、大到暴雨日数和日照时数等气象要素进行相关分析，将通过0.1信度检验并具有生物学意义的因子确定为影响各区域作物产量丰歉的关键气象因子。

3.3.3 综合关键气象因子

把确定为关键气象因子的预报要素按温度(包括：平均气温、积温、高温日数、低温日数)、降水(包括：降水量、降水日数、大到暴雨日数)、日照(包括日照时数)三类因子进行加权集成，建立综合关键气象因子：

$$M_{tps} = \sum (R_i \times E_i) \tag{3.22}$$

式中，M_{tps} 为选定时段内同类关键气象因子的综合值；R_i 为选定时段内某个关键气象因子与气象产量的相关系数；E_i 为选定时段内同类关键气象因子进行归一化后的要素值。

3.3.4 基于综合关键气象因子的作物产量动态预报模型建立

利用历史年各区域作物气象产量与各预报时段综合关键气象因子与气象产量进行相关分析，建立各区域作物平均单产预报模型。

3.4 基于气候适宜指数的作物产量动态预报技术

基于气候适宜指数的作物产量动态预报技术是利用作物生育期内温度、日照时数、降水量、土壤墒情资料，从作物生长发育的最高温度、最适温度、最低温度、需水量、需光特性等生物学特性出发，建立作物不同生育时段的温度适宜度、日照适宜度、水分适宜度及气候适宜度，利用逐旬的气候适宜度加权构建作物播种到某一时段的气候适宜指数，利用气候适宜指数与作物气象产量的关系，建立作物产量动态预报模型。

3.4.1 资料处理方法

3.4.1.1 产量资料处理

作物平均单产资料处理方法同关键因子影响指数部分作物平均单产处理方法。

3.4.1.2 发育期资料处理

由于发育期资料年限较短，因此，本书中各作物发育期资料统一采用 2002—2004 年 3 年的平均发育期资料。

3.4.2 适宜度模型建立

3.4.2.1 温度适宜度模型

温度是作物生长发育过程中的重要环境因子，作物体内所进行的各种生理过程都受温度的影响。温度适宜度是一个在 0～1 之间变化的不对称抛物线函数，反映了温度条件从不适宜到适宜及从适宜到不适宜的连续变化过程。

(1)站点日温度适宜度模型

$$F(t_i)=\frac{(t_i-t_l)\cdot(t_h-t_i)^B}{(t_0-t_l)\cdot(t_h-t_0)^B}$$

$$B=\frac{t_h-t_0}{t_0-t_l} \tag{3.23}$$

式中，$F(t_i)$为站点逐日温度适宜度，t_i 为站点日平均气温(℃)(为日最高气温与日最低气温的平均)，t_l、t_h、t_0 分别为作物在各发育期所需的最低温度、最高温度和最适温度。冬小麦、春玉米、夏玉米、早稻、一季稻、晚稻、棉花、大豆、油菜各发育期最高温度、最适温度和最低温度见表 3.1—3.9。

表 3.1　冬小麦各发育期最低温度、最高温度和最适温度值(℃)

指标	播种	出苗	分蘖	越冬	返青	拔节	抽穗	乳熟	成熟
最高	35.0	35.0	30.0	3.0	16.0	32.0	35.0	35.0	35.0
最适	16.0	16.0	14.0	−5.0	5.0	14.0	20.0	20.0	20.0
最低	2.0	3.0	0.0	−26.0	2.0	8.0	9.0	10.0	10.0

表 3.2　春玉米各发育期最低温度、最高温度和最适温度值(℃)

指标	播种	出苗	三叶	七叶	拔节	抽雄	乳熟	成熟
最高	20.0	25.0	30.0	32.0	30.0	33.0	30.0	28.0
最适	9.0	12.0	15.0	20.0	25.0	24.0	22.0	19.0
最低	6.0	4.0	9.0	10.0	12.0	16.0	12.0	11.0

表 3.3　夏玉米各发育期最低温度、最高温度和最适温度值(℃)

发育期	播种	出苗	三叶	七叶	拔节	抽雄	乳熟	成熟
最高	26.0	28.0	30.0	32.0	35.0	34.0	32.0	30.0
最适	18.0	20.0	22.0	24.0	25.0	26.0	24.0	23.0
最低	10.0	12.0	14.0	15.0	17.0	18.0	16.0	14.0

表 3.4　早稻各发育期最低温度、最高温度和最适温度值(℃)

指标	播种	出苗	移栽	返青	分蘖	孕穗	抽穗	乳熟	成熟
最高	40.0	42.0	40.0	40.0	42.0	40.0	40.0	40.0	40.0
最适	30.0	32.0	26.0	26.0	28.5	28.5	27.5	27.5	27.0
最低	12.0	15.0	12.0	12.0	15.0	15.0	15.0	15.0	15.0

表 3.5　一季稻各发育期最低温度、最高温度和最适温度值(℃)

指标	播种	出苗	移栽	返青	分蘖	孕穗	抽穗	乳熟	成熟
最高	40.0	40.0	35.0	35.0	40.0	40.0	40.0	35.0	35.0
最适	23.0	23.0	26.0	27.0	28.0	28.0	28.5	26.0	25.0
最低	8.0	12.0	15.0	14.0	16.0	15.0	16.0	14.0	15.0

表 3.6　晚稻各发育期最低温度、最高温度和最适温度值(℃)

指标	播种	出苗	移栽	返青	分蘖	孕穗	抽穗	乳熟	成熟
最高	40.0	42.0	40.0	40.0	42.0	40.0	40.0	40.0	40.0
最适	30.0	32.0	26.0	26.0	28.5	28.5	27.5	27.5	27.0
最低	12.0	15.0	12.0	12.0	15.0	15.0	15.0	15.0	15.0

表 3.7　棉花各发育期最低温度、最高温度和最适温度值(℃)

发育期	播种	出苗	第三真叶	第五真叶	现蕾	开花	裂铃
最高	40.0	40.0	37.0	37.0	35.0	35.0	35.0
最适	29.0	29.0	32.0	32.0	28.0	28.0	25.0
最低	11.0	11.0	13.0	13.0	15.0	15.0	16.0

表 3.8　大豆各发育期最低温度、最高温度和最适温度值(℃)

发育期	播种	出苗	第三真叶	旁枝形成	开花	结荚	成熟
最高	35.0	33.0	33.0	35.0	30.0	30.0	25.0
最适	18.0	20.0	20.0	22.0	24.0	22.0	19.0
最低	6.0	8.0	8.0	16.0	17.0	13.0	8.0

表3.9　油菜各发育期最低温度、最高温度和最适温度值(℃)

发育期	播种	出苗	第五真叶	移栽	现蕾	抽薹	开花	成熟
最高	37.0	37.0	37.0	37.0	35.0	35.0	30.0	25.0
最适	16.0	15.0	15.0	15.0	12.0	12.0	16.0	18.0
最低	4.0	0.0	0.0	0.0	0.0	0.0	5.0	6.0

(2)区域日温度适宜度模型

$$F(t)_{\text{区域}} = \frac{1}{n}\sum_{i=1}^{n} F(t_i) \tag{3.24}$$

式中，$F(t)_{\text{区域}}$为作物区域逐日温度适宜度，$F(t_i)$为区域内各站点逐日温度适宜度，n为区域内站点数量。

(3)区域旬温度适宜度模型

$$F(t_{\text{旬}})_{\text{区域}} = \frac{1}{m}\sum_{i=1}^{m} F(t)_{\text{区域}} \tag{3.25}$$

式中，$F(t_{\text{旬}})_{\text{区域}}$为区域旬温度适宜度，$F(t)_{\text{区域}}$为区域逐日温度适宜度，$m$为旬内天数，$m=10$或8、9、11。

3.4.2.2　降水适宜度模型

降水是作物水分和土壤水分的主要来源，农作物生长好坏、产量高低与降水有密切关系，为评价其对农作物生长发育的影响，运用降水适宜度来判定。

区域旬降水适宜度模型为：

$$F(p_{\text{旬}})_{\text{区域}} = \begin{cases} 1 & -30\% \leqslant \text{区域旬降水距平百分率} \leqslant 30\% \\ p/R & \text{区域旬降水距平百分率} < -30\% \\ R/p & \text{区域旬降水距平百分率} > 30\% \end{cases} \tag{3.26}$$

$$\text{区域降水距平百分率} = (p-R)/R \times 100\%$$

式中，$F(p_{\text{旬}})_{\text{区域}}$为区域旬降水适宜度，$p$为区域旬降水量，$R$为区域多年(1981—2010年)旬平均降水量。

3.4.2.3　墒情适宜度模型

土壤水分是作物吸水的主要来源，土壤水分的多少对旱地作物生长发育和产量形成都有着重大影响，因此，土壤墒情的大小是最直接评判旱地作物水分供应条件好坏的因子。

(1)站点旬墒情适宜度模型

$$F(w_{\text{旬}}) = \begin{cases} 1 & w_{\text{旬}} \geqslant W_0 \\ w_{\text{旬}}/W_0 & w_{\text{旬}} < W_0 \end{cases} \tag{3.27}$$

式中，$F(w_{\text{旬}})$为站点旬墒情适宜度，$w_{\text{旬}}$为站点旬实际土壤相对湿度，W_0为作物各发育期适宜土壤相对湿度。冬小麦、玉米、棉花、大豆、油菜各发育期适宜土壤相对湿度见表3.10—3.14。

表3.10　冬小麦各发育期适宜土壤相对湿度(%)

发育期	播种	出苗	分蘖	越冬	返青	拔节	抽穗	乳熟	成熟
适宜土壤相对湿度	65	65	70	70	70	65	70	70	70

表 3.11 玉米各发育期适宜土壤相对湿度(%)

发育期	播种	出苗	三叶	七叶	拔节	抽雄	乳熟	成熟
适宜土壤相对湿度	60	60	60	60	70	70	70	70

表 3.12 棉花各发育期适宜土壤相对湿度(%)

发育期	播种	出苗	第三真叶	第五真叶	现蕾	开花	裂铃
适宜土壤相对湿度	70	70	55	55	60	70	55

表 3.13 大豆各发育期适宜土壤相对湿度(%)

发育期	播种	出苗	第三真叶	旁枝形成	开花	结荚	成熟
适宜土壤相对湿度	60	60	65	65	75	70	60

表 3.14 油菜各发育期适宜土壤相对湿度(%)

发育期	播种	出苗	第五真叶	移栽	现蕾	抽薹	开花	成熟
适宜土壤相对湿度	60	70	70	70	80	80	85	60

(2)区域旬墒情适宜度模型

$$F(w_{旬})_{区域} = \frac{1}{m}\sum_{i=1}^{m} F(w_{旬}) \tag{3.28}$$

式中,$F(w_{旬})_{区域}$为区域旬土壤墒情适宜度,$F(w_{旬})$为区域内站点旬土壤墒情适宜度,m 为区域内站点数量。

3.4.2.4 水分适宜度模型

(1)旱地作物水分适宜度模型

冬小麦、玉米、棉花、大豆、油菜是旱地作物,土壤墒情对其生长发育和产量形成比降水更有生理意义,但在冬小麦进入抽穗开花期、玉米进入抽雄吐丝期、棉花、大豆和油菜进入开花期后,强降水会降低冬小麦、玉米、油菜的授粉结实率和导致棉花落花落铃、大豆落花落荚,影响产量形成。因此,在计算降水适宜度 $F(p_{旬})_{区域}$ 和土壤墒情适宜度 $F(w_{旬})_{区域}$ 的基础上,依据以下原则,建立冬小麦、玉米、棉花、大豆、油菜水分适宜度模型。

$$F(m_{旬})_{区域} = \begin{cases} F(w_{旬})_{区域} & (开花/抽雄(穗)期前) \\ F(w_{旬区域} \quad 区域旬降水距平百分率 \leqslant 30\% & (开花/抽雄(穗)期后) \\ F(p_{旬})_{区域} \quad 区域旬降水距平百分率 > 30\% & (开花/抽雄(穗)期后) \end{cases} \tag{3.29}$$

式中,$F(m_{旬})_{区域}$为区域旬水分适宜度,$F(p_{旬})_{区域}$为区域旬降水适宜度,$F(w_{旬})_{区域}$为区域旬土壤墒情适宜度。

(2)水田作物水分适宜度模型

对水田作物来说,生育期内降水较为丰沛,基本能够满足其生长发育的需求。但抽穗扬花期如遇强降水将会导致结实率降低,不利水田作物产量形成。因此,以降水适宜度为主构建水田作物的水分适宜度模型。

$$F(m_{旬})_{区域} = \begin{cases} 1 & 区域旬降水距平百分率 \leqslant 30\% \\ F(p_{旬})_{区域} & 区域旬降水距平百分率 > 30\% \end{cases} \quad (孕穗-抽穗期)$$

$$F(m_{旬})_{区域} = 1 \quad (孕穗-抽穗期外其他发育期)$$

$$区域降水距平百分率 = (p - R)/R \times 100\% \tag{3.30}$$

式中，$F(m_{旬})_{区域}$为区域旬水分适宜度，$F(p_{旬})_{区域}$为区域旬降水适宜度，p 为区域旬降水量，R 为区域多年(1981—2010 年)旬平均降水量。

3.4.2.5　日照适宜度模型

日照条件对作物生长发育的影响亦可理解为模糊过程，即在“适宜”与“不适宜”之间变化。根据作物对日照的气候适应性原理，对长日照作物来说，当日照时数达到可照时数的 70%以上时，作物对光照条件的反应即达到适宜状态；但对水稻等短日照作物来说，过多的日照对其生长发育反而会有抑制作用。因此，分别构建了长日照作物和短日照作物的日照适宜度模型。

(1)站点逐日日照适宜度模型

①长日照作物

$$F(S_i) = \begin{cases} 1 & S_i \geqslant S_0 \\ e^{-[(S_i - S_0)/b]^2} & S_i < S_0 \end{cases} \tag{3.31}$$

式中，$F(S_i)$为作物站点逐日日照适宜度，S_i 为站点逐日日照时数，S_0 为站点逐日日照百分率为 70%时的日照时数，b 值为常数。

②短日照作物

$$F(S_i) = \begin{cases} 1 & S_1 \leqslant S_i < S_0 \\ e^{-[(S_i - S_0)/b]^2} & S_i \geqslant S_0 \\ e^{-[(S_1 - S_i)/b]^2} & S_i < S_1 \end{cases} \tag{3.32}$$

式中，$F(S_i)$为作物站点逐日日照适宜度，S_i 为站点逐日日照时数，S_0 为站点逐日日照百分率为 70%时的日照时数，S_1 为站点逐日日照百分率为 30%时的日照时数，b 值为常数。冬小麦、玉米、早稻、一季稻、晚稻、棉花、大豆、油菜各发育期 b 值见表 3.15—3.22。

表 3.15　冬小麦各发育期 b 值

发育期	播种	出苗	分蘖	越冬	返青	拔节	抽穗	乳熟	成熟
b	4.15	4.15	4.14	4.14	4.38	4.61	4.93	4.93	4.99

表 3.16　玉米各发育期 b 值

发育期	播种	出苗	三叶	七叶	拔节	抽雄	乳熟	成熟
b	5.00	5.08	5.08	5.08	5.12	5.17	5.14	5.24

表 3.17　早稻各发育期 b 值

发育期	播种	出苗	移栽	返青	分蘖	孕穗	抽穗	乳熟	成熟
b	4.57	4.57	4.57	4.57	4.95	5.11	5.15	5.15	5.04

表 3.18　一季稻各发育期 b 值

发育期	播种	出苗	移栽	返青	分蘖	孕穗	抽穗	乳熟	成熟
b	5.13	5.45	5.65	5.72	5.72	5.48	5.21	4.79	4.56

表 3.19　晚稻各发育期 b 值

发育期	播种	出苗	移栽	返青	分蘖	孕穗	抽穗	乳熟	成熟
b	5.14	5.14	5.14	5.14	5.04	4.83	4.5	4.5	4.1

表 3.20 棉花各发育期 b 值

发育期	播种	出苗	第三真叶	第五真叶	现蕾	开花	裂铃
b	4.94	4.98	4.98	4.98	5.03	4.67	4.16

表 3.21 大豆各发育期 b 值

发育期	播种	出苗	第三真叶	旁枝形成	开花	结荚	成熟
b	5.05	4.87	4.87	4.87	4.72	4.48	4.18

表 3.22 油菜各发育期 b 值

发育期	播种	出苗	第五真叶	移栽	现蕾	抽薹	开花	成熟
b	4.61	4.0	4.0	4.0	4.0	4.0	4.33	4.97

(2)区域逐日日照适宜度模型

$$F(s)_{区域} = \frac{1}{n}\sum_{i=1}^{n} F(s_i) \tag{3.33}$$

式中，$F(s)_{区域}$为区域逐日日照适宜度，$F(s_i)$为各站点逐日日照适宜度，n为区域内站点数量。

(3)区域旬日照适宜度模型

$$F(s_{旬})_{区域} = \frac{1}{m}\sum_{i=1}^{m} F(s)_{区域} \tag{3.34}$$

式中，$F(s_{旬})_{区域}$为区域旬日照适宜度，$F(s)_{区域}$为区域逐日日照适宜度，m为旬内天数，$m=10$或8、9、11。

3.4.2.6 气候适宜度模型

为了综合反映温度、水分、日照三个因素对作物生长发育和产量形成的影响，建立了作物气候适宜度模型。

(1)区域旬气候适宜度模型

$$F(c_{旬})_{区域} = \sqrt[3]{F(t_{旬})_{区域} \times F(m_{旬})_{区域} \times F(s_{旬})_{区域}} \tag{3.35}$$

式中，$F(c_{旬})_{区域}$为主产省旬气候适宜度，$F(t_{旬})_{区域}$、$F(m_{旬})_{省}$、$F(s_{旬})_{区域}$分别为主产省旬温度、水分、日照适宜度。

(2)作物产区旬气候适宜度

作物各主产区域的旬气候适宜度由各产区所包括省份的气候适宜度加权集成，权重系数根据各区域所包括省份的作物种植面积占各区域作物种植面积的百分比确定，见表 3.23—3.52。由于各主产省份作物发育期不尽相同，因此，各作物产区气候适宜度集成时考虑各主产省份作物分别进入播种期和成熟期时间，以各主产省份所包括的站点的多年平均发育期确定。

①冬小麦

表 3.23 华北区冬小麦各时段气候适宜度权重系数

时间	权重系数				
	河南	山东	河北	山西	陕西
10月中旬—翌年5月下旬	0.4067	0.2790	0.1788	0.0518	0.0837

表 3.24　江淮江汉区冬小麦各时段气候适宜度权重系数

时间	权重系数		
	江苏	安徽	湖北
10 月下旬—翌年 5 月下旬	0.3806	0.4300	0.1895

表 3.25　西南区冬小麦各时段气候适宜度权重系数

时间	权重系数		
	四川	贵州	云南
11 月上旬—翌年 5 月上旬	0.6533	0.1274	0.2193

表 3.26　全国区冬小麦各时段气候适宜度权重系数

时间	权重系数										
	河南	山东	河北	山西	陕西	江苏	安徽	湖北	四川	贵州	云南
10 月中旬	0.4067	0.2790	0.1788	0.0518	0.0837	0	0	0	0	0	0
10 月下旬	0.2850	0.1956	0.1253	0.0363	0.0586	0.1139	0.1286	0.0567	0	0	0
11 月上旬—翌年 5 月上旬	0.2578	0.1769	0.1133	0.0328	0.0530	0.1030	0.1163	0.0513	0.0625	0.0122	0.0210
5 月中旬—翌年 5 月下旬	0.2850	0.1956	0.1253	0.0363	0.0586	0.1139	0.1286	0.0567	0	0	0

②玉米

表 3.27　东北区玉米各时段气候适宜度权重系数

时间	权重系数			
	黑龙江	吉林	辽宁	内蒙古
5 月上旬—9 月下旬	0.3747	0.2464	0.1603	0.2186

表 3.28　西北区玉米各时段气候适宜度权重系数

时间	权重系数			
	新疆	甘肃	宁夏	陕西
4 月下旬—9 月中旬	0.2693	0.2911	0.0818	0.3578
9 月下旬	0.2932	0.3171	0	0.3897

表 3.29　华北区玉米各时段气候适宜度权重系数

时间	权重系数			
	河南	山东	河北	山西
4 月下旬—5 月下旬	0	0	0.6518	0.3482
6 月上旬	0.3998	0	0.3912	0.2090
6 月中旬—9 月中旬	0.2886	0.2781	0.2824	0.1508
9 月下旬	0.3399	0.3275	0.3326	0

表 3.30　西南区玉米各时段气候适宜度权重系数

时间	权重系数		
	四川	贵州	云南
3 月中旬—4 月上旬	1.00	0	0
4 月中旬—8 月下旬	0.4496	0.1895	0.3609
9 月上旬	0.7035	0.2965	0

表 3.31　全国区玉米各时段气候适宜度权重系数

时间	权重系数														
	黑龙江	吉林	辽宁	内蒙古	新疆	甘肃	宁夏	陕西	河南	山东	河北	山西	四川	贵州	云南
3月中旬—4月上旬	0	0	0	0	0	0	0	0	0	0	0	0	1.00	0	0
4月中旬	0	0	0	0	0	0	0	0	0	0	0	0	0.4496	0.1895	0.3609
4月下旬	0	0	0	0	0.0721	0.0779	0.0219	0.0958	0	0	0.2570	0.1373	0.1520	0.0641	0.1220
5月上旬—5月下旬	0.2015	0.1325	0.0862	0.1176	0.0333	0.0360	0.0101	0.0443	0	0	0.1188	0.0634	0.0703	0.0296	0.0564
6月上旬	0.1797	0.1181	0.0769	0.1048	0.0297	0.0321	0.0090	0.0395	0.1083	0	0.1059	0.0566	0.0627	0.0264	0.0503
6月中旬—8月下旬	0.1627	0.1070	0.0696	0.0949	0.0269	0.0291	0.0082	0.0357	0.0980	0.0945	0.0959	0.0512	0.0567	0.0239	0.0455
9月上旬	0.1705	0.1121	0.0730	0.0995	0.0282	0.0305	0.0086	0.0374	0.1027	0.0990	0.1005	0.0537	0.0595	0.0251	0
9月中旬	0.1862	0.1224	0.0797	0.1087	0.0308	0.0333	0.0093	0.0409	0.1122	0.1081	0.1098	0.0586	0	0	0
9月下旬	0.1998	0.1314	0.0855	0.1166	0.0330	0.0357	0	0.0439	0.1204	0.1160	0.1178	0	0	0	0

③早稻

表 3.32　江南区早稻各时段气候适宜度权重系数

时间	权重系数				
	湖南	江西	浙江	湖北	安徽
4 月上旬—7 月中旬	0.4035	0.3918	0.0321	0.1081	0.0645

表 3.33　华南区早稻各时段气候适宜度权重系数

时间	权重系数			
	广东	广西	福建	海南
3 月中旬—6 月中旬	0.4199	0.4248	0.0895	0.0658
6 月下旬—7 月中旬	0.4495	0.4547	0.0958	0

表 3.34　全国区早稻各时段气候适宜度权重系数

时间	权重系数								
	湖南	江西	浙江	湖北	安徽	广东	广西	福建	海南
3 月中旬—3 月下旬	0	0	0	0	0	0.4199	0.4248	0.0895	0.0658
4 月上旬—6 月中旬	0.2505	0.2433	0.0200	0.0671	0.0400	0.1592	0.1610	0.0339	0.025
6 月下旬—7 月中旬	0.2570	0.2495	0.0205	0.0688	0.0410	0.1632	0.1651	0.0348	0

④一季稻

表 3.35　东北区一季稻各时段气候适宜度权重系数

时间	权重系数		
	黑龙江	吉林	辽宁
4 月中旬—9 月中旬	0.6986	0.1631	0.1383
9 月下旬	0	0	1

表 3.36　江淮江汉区一季稻各时段气候适宜度权重系数

时间	权重系数				
	江苏	安徽	湖北	湖南	浙江
4 月中旬	0	0	0	1	0
4 月下旬	0	0	0.5170	0.4830	0
5 月上旬	0	0.4157	0.3021	0.2822	0
5 月中旬—6 月上旬	0.3505	0.2700	0.1962	0.1833	0
6 月中旬—8 月下旬	0.3207	0.2470	0.1795	0.1677	0.0851
9 月上旬—9 月中旬	0.3853	0.2968	0.2157	0	0.1022
9 月下旬—10 月中旬	0.7904	0	0	0	0.2096

表 3.37　西南区一季稻各时段气候适宜度权重系数

时间	权重系数		
	四川	云南	贵州
3月旬下—4月上旬	0.7212	0.2788	0
4月中旬—9月上旬	0.6096	0.2357	0.1548
9月中旬	0	0.6036	0.3964

表 3.38　全国区一季稻各时段气候适宜度权重系数

时间	权重系数										
	黑龙江	吉林	辽宁	江苏	安徽	湖北	湖南	浙江	四川	云南	贵州
3月下旬—4月上旬	0	0	0	0	0	0	0	0	0.7212	0.2788	0
4月中旬	0.3098	0.0723	0.0613	0	0	0	0.1181	0	0.2673	0.1033	0.0679
4月下旬	0.2750	0.0642	0.0545	0	0	0.1122	0.1048	0	0.2373	0.0917	0.0603
5月上旬	0.2382	0.0556	0.0472	0	0.1338	0.0972	0.0908	0	0.2056	0.0795	0.0522
5月中旬—6月上旬	0.2030	0.0474	0.0402	0.1480	0.1140	0.0828	0.0774	0	0.1752	0.0677	0.0445
6月中旬—8月下旬	0.1953	0.0456	0.0387	0.1424	0.1097	0.0797	0.0744	0.0378	0.1685	0.0652	0.0428
9月上旬	0.2110	0.0493	0.0418	0.1538	0.1185	0.0861	0	0.0408	0.1821	0.0704	0.0462
9月中旬	0.2580	0.0602	0.0511	0.1881	0.1449	0.1053	0	0.0499	0	0.0861	0.0565
9月下旬	0	0	0.1767	0.6507	0	0	0	0.1726	0	0	0
10月上旬—10月中旬	0	0	0	0.7904	0	0	0	0.2096	0	0	0

⑤晚稻

表 3.39　江南区晚稻各时段气候适宜度权重系数

时间	权重系数				
	湖南	江西	浙江	湖北	安徽
6月下旬—10月中旬	0.3849	0.4020	0.0326	0.1159	0.0645

表 3.40　华南区晚稻各时段气候适宜度权重系数

时间	权重系数			
	广东	广西	福建	海南
7月上旬	0	0	0.6275	0.3725
7月中旬—10月下旬	0.4136	0.3981	0.1182	0.0701

表 3.41　全国区晚稻各时段气候适宜度权重系数

时间	权重系数								
	湖南	江西	浙江	湖北	安徽	广东	广西	福建	海南
6月下旬	0.3849	0.4020	0.0326	0.1159	0.0645	0	0	0	0
7月上旬	0.3439	0.3592	0.0292	0.1036	0.0577	0	0	0.0668	0.0397
7月中旬—10月中旬	0.2357	0.2462	0.0200	0.0710	0.0395	0.1603	0.1543	0.0458	0.0272
10月下旬	0	0	0	0	0	0.4136	0.3981	0.1182	0.0701

⑥棉花

表 3.42　黄河流域区棉花各时段气候适宜度权重系数

时间	权重系数					
	山东	河南	河北	山西	陕西	天津
4 月下旬—10 月中旬	0.4391	0.1516	0.3356	0.0195	0.0264	0.0277

表 3.43　长江流域区棉花各时段气候适宜度权重系数

时间	权重系数				
	江苏	安徽	湖北	湖南	江西
4 月中旬—10 月下旬	0.1465	0.2662	0.3678	0.1422	0.0773

表 3.44　西北内陆区棉花各时段气候适宜度权重系数

时间	权重系数	
	新疆	甘肃
4 月中旬—10 月中旬	0.978	0.022

表 3.45　全国区棉花各时段气候适宜度权重系数

时间	权重系数												
	新疆	甘肃	山东	河南	河北	山西	陕西	天津	江苏	安徽	湖北	湖南	江西
4 月中旬	0.6146	0.0138	0	0	0	0	0	0	0.0544	0.0989	0.1367	0.0528	0.0287
4 月下旬—10 月中旬	0.4084	0.0092	0.1473	0.0509	0.1126	0.0066	0.0089	0.0093	0.0362	0.0657	0.0908	0.0351	0.0191
10 月下旬	0	0	0	0	0	0	0	0	0.1465	0.2662	0.3678	0.1422	0.0773

⑦大豆

表 3.46　东北区大豆各时段气候适宜度权重系数

时间	权重系数			
	黑龙江	吉林	辽宁	内蒙古
5 月上旬	0	0.6658	0.3342	0
5 月中旬—9 月下旬	0.7430	0.0629	0.0316	0.1625

表 3.47　华北黄淮区大豆各时段气候适宜度权重系数

时间	权重系数		
	河北	河南	山东
6 月中旬—9 月下旬	0.1801	0.6095	0.2114

表 3.48　江淮区大豆各时段气候适宜度权重系数

时间	权重系数	
	江苏	安徽
6 月中旬—9 月下旬	0.1957	0.8043

表 3.49　全国区大豆各时段气候适宜度权重系数

时间	权重系数								
	黑龙江	吉林	辽宁	内蒙古	河北	河南	山东	江苏	安徽
5月上旬	0	0.6658	0.3342	0	0	0	0	0	0
5月中旬—6月上旬	0.7430	0.0629	0.0316	0.1625	0	0	0	0	0
6月中旬—9月下旬	0.4975	0.0421	0.0212	0.1088	0.0235	0.0793	0.0276	0.0392	0.1609

⑧油菜

表 3.50　长江中下游区油菜各时段气候适宜度权重系数

时间	权重系数					
	湖北	湖南	江苏	安徽	浙江	江西
9月下旬	0.4908	0.5092	0	0	0	0
10月上旬	0.4627	0.4800	0	0	0.0573	0
10月中旬—5月上旬	0.2908	0.3017	0.0991	0.1402	0.0360	0.1322
5月中旬	0	0	0.414	0.586	0	0

表 3.51　西南区油菜各时段气候适宜度权重系数

时间	权重系数	
	四川	贵州
9月下旬—5月上旬	0.7051	0.2949

表 3.52　全国区油菜各时段气候适宜度权重系数

时间	权重系数							
	湖北	湖南	江苏	安徽	浙江	江西	四川	贵州
9月下旬	0.2881	0.2989	0	0	0	0	0.2912	0.1218
10月上旬	0.2782	0.2886	0	0	0.0345	0	0.2811	0.1176
10月中旬—5月上旬	0.2052	0.2129	0.0699	0.0990	0.0254	0.0933	0.2074	0.0867
5月中旬	0	0	0.414	0.586	0	0	0	0

3.4.3　气候适宜指数

由于作物在各个生育阶段的生理生态特征不同，致使其对周围环境条件的需求也不同，同时，各个时段环境因子对作物生长发育及产量形成的满足程度亦有差异。因此，为客观反映不同时段环境因子对作物生长发育及产量形成的影响程度，建立作物播种至某一时段的气候适宜指数，由期间各旬气候适宜度加权集成。

$$F(C) = \sum_{i=1}^{n} K_i F_i(c_{旬})_{区域} \tag{3.36}$$

式中，$F(C)$为作物播种至某一时段的气候适宜指数，$F(c_{旬})_{区域}$为区域旬气候适宜度，n为旬数，K_i为各旬气候适宜度对产量的影响系数。其中，影响系数由式(3.37)求得。

$$K_i = R_i \Big/ \sum_{i=1}^{n} R_i \tag{3.37}$$

式中，K_i 为各旬气候适宜度对产量的影响系数，取值 $-1 \leqslant K_i \leqslant 1$；$R_i$ 为区域第 i 旬气候适宜度与气象产量的相关系数。

3.4.4　基于气候适宜指数的作物产量动态预报模型

利用历史年各区域主要农作物气象产量与各预报时段气候适宜指数，应用统计学方法，建立各时段作物平均单产动态预报模型。

3.5　基于作物生长模型的作物产量动态预报技术

随着新技术和新科技手段的应用，作物产量预报向多学科、多技术综合方向发展。近几年来，基于作物生长模型的预报方法开始应用到产量预报中。基于统计分析和数理模型的作物产量预报模型单纯统计气象和作物的外部关系，与作物生长机理结合不深，对作物产量机理方面了解不深，使得产量预报的准确率有时会出现较大波动。作物生长模型的发展和产量预报技术遇到的困难，促使产量预报和作物生长模型结合。许多专家应用作物生长模型进行了一些初步的尝试，取得了一定的效果，慢慢发展成为了作物产量预报的新方法。应用作物生长模型进行产量预报是基于作物生长机理的动力预报方法，目前在作物产量预报中得到初步应用，并已取得了较好的预报效果，基于业务化的作物生长模型将成为作物产量预报的重要发展方向。

3.5.1　作物生长模型概念和发展概况

作物生长模型是从系统科学的观点出发，以光、温、水、土壤等条件为环境驱动变量，运用数学物理方法和计算机技术，对作物生育期内光合、呼吸、蒸腾等重要生理生态过程及其与气象、土壤等环境条件以及耕作、灌溉、施肥等技术条件的关系进行定量描述和预测，再现农作物生长发育及产量形成过程。具有机理性、解释性、动态性和综合性强的特点，它可描述作物生长及产量形成及其与生态环境因子间关系动态变化的整体过程。

荷兰和美国是最早开始作物生长模型研究的国家，到现在大致经历了初级模型阶段、综合模型研制阶段、实际应用模型阶段及扩展模型阶段的 4 个发展阶段。自 de Wit 在 1965 年首次建立玉米模型以来，截至 2005 年农业生态系统模型注册库中已经收录了 200 多个模型，其中比较著名的作物生长模型有荷兰的 Wageningen 系列，美国的 DSSAT 系列模型以及澳大利亚的 APSIM 系列模型等。我国从 20 世纪 80 年代开始研究作物生长模型，早期主要是引进、修改和验证国外的模型，在此基础上根据国内作物生产的实际对水稻、小麦、棉花等进行了数值模拟研究，侧重点在于作物生长模型、栽培优化模型或知识模型与专家知识相结合，最具代表性的有高亮之推出的“水稻钟”模型、冯利平教授的 WheatSM 模型、潘学标教授的 COTGROW 模型、江苏省农业科学院的 RCSODS 和 WCSODS 模型，南京农业大学曹卫星教授的作物管理决策信息系统等。

作物生长模型综合了计算机技术、作物生理学、作物生态学、农业气象学、土壤学、农艺学、系统学等多学科的知识，具有动态、定量等特征，目前已被应用于产量风险分析、气候影响评估、经济效益评估等领域。在国际上，欧盟已将 WOFOST 模型成功应用于作物生长监测和农业产量预测等日常业务。在我国，作物生长模型在气候变化影响评估、农业气象灾害预警和产量预报领域也得到了试用。

3.5.2 基于作物生长模型的作物产量预报技术

3.5.2.1 作物生长模型数据和参数

作物生长模型需要的数据包括气象数据、作物观测数据、土壤水分数据、栽培数据等；模型参数主要包括作物参数和土壤参数。

作物生长模型需要输入的气象数据主要包括日太阳总辐射(kJ/(m^2 · d))、日最高温度(℃)、日最低温度(℃)、水汽压(kPa)、2 m 高度平均风速(m/s)、日降水量(mm/d)6 个要素。所有气象要素均可以从气象观测站直接或间接获取，其中太阳总辐射可由日照时数、最高气温、最低气温和云量等要素转换得到，2 m 高度风速可由 10 m 高度风速通过风廓线转换。运行作物生长模型需要作物全生育期完整的气象资料，在实时业务中，播种日期至模拟时刻(起报日)的气象资料可利用实时观测资料，起报日至成熟期的逐日气象资料尚不能直接获取，可采用历史同期典型年、相似年或多年平均值替代，在产量预报业务中，可结合后期气候趋势预测信息，采用历史相似类比方法从历史观测资料中寻找与后期气候趋势接近的样本序列进行替代。

运行作物生长模型需要初始信息，包括播种日期或出苗日期、根系区土壤有效水分含量；其中，作物发育期可以由农业气象观测站实时获取，土壤有效含水量由土壤水分自动观测站获取。

作物生长模型参数主要包括作物参数、土壤参数。作物参数有两种参数类型，一种与作物发育密切相关，主要包括不同发育阶段所需的有效积温和光周期影响因子等，这些参数是作物品种固有的属性；另一种与作物生长密切相关，主要包括光合速率、呼吸速率、光合产物转化系数、干物质分配系数、比叶面积以及叶片衰老指数等。土壤参数主要包括与土壤本身特性相关的物理参数和初始条件等，如凋萎湿度、田间持水量、饱和含水量、饱和导水率、下渗速率以及初始土壤水分含量等。以目前广泛应用的荷兰瓦赫宁农业大学的 WOFOST(World Food Study)作物生长模型为例，基于作物属性的输入参数见表 3.53。

表 3.53 WOFOST 模型基于作物属性的输入参数

类别	代码	参数描述	参数描述(英文)	单位
出苗	TBASEM	作物出苗的下限温度	lower threshold temp. for emergence	℃
	TEFFMX	作物出苗的上限温度	max. eff. temp. for emergence	℃
	TSUMEM	播种到出苗需要的积温	temperature sum from sowing to emergence	℃ · d
发育期	IDSL	开花前发育影响因素：与温度(=0)，或是昼长(=1)，或是两者(=2)有关	indicates whether pre-anthesis development depends on temp. (=0), daylength (=1) ,or both(=2)	
	DLO	发育阶段最适光长	optimum daylength for development	h
	DLC	临界光长(下限值)	critical daylength (lower threshold)	h
	TSUM1	出苗到开花需要的积温	temperature sum from emergence to anthesis	℃ · d
	TSUM2	开花到成熟需要的积温	temperature sum from anthesis to maturity	℃ · d

续表

类别	代码	参数描述	参数描述(英文)	单位
发育期	DTSMTB	积温的日增加率	daily increase in temp. sum as function of av. temp.	℃ · d
	DVSI=0	发育期初始值	initial DVS	
	DVSEND=2.0	成熟时的发育期值	development stage at harvest (=2.0at maturity[−])	
初始值	TDWI	初始总作物干物质重	initial total crop dry weight	kg/hm^2
	LAIEM	出苗时的叶面积指数	leaf area index at emergence	hm^2/hm^2
	RGRLAI	叶面积指数最大相对增长量	maximum relative increase in LAI	$hm^2/(hm^2 \cdot d)$
绿度值	SLATB	比叶面积	specific leaf area as a function of DVS	hm^2/kg
	SPA	比荚面积	specific pod area	hm^2/kg
	SSATB	对应发育阶段的比茎面积(以 DVS 为函数)	specific stem area	hm^2/kg
	SPAN	叶片衰老系数	life span of leaves growing at 35 ℃	
	TBASE	叶龄下限温度	lower threshold temp. for ageing of leaves	℃
同化作用	KDIFTB	散射辐射消光系数	extinction coefficient for diffuse visible light [−]as function of DVS	
	EFFTB	单片叶有效光利用率(日平均温度的函数)	light-useeffic. single leaf as function of daily mean temp	$kg \cdot m^2 \cdot s/(hm^2 \cdot h \cdot J)$
	AMAXTB	叶片最大 CO_2 同化率(发育阶段的函数)	max. leaf CO_2 assim rate as function of DVS	$kg/(hm^2 \cdot h)$
	TMPFTB	最大 CO_2 同化率的影响系数(平均温度的函数)	reduction factor of AMAX; as function of av. temp.	℃
	TMFTB	总同化率消减系数(最低气温的函数)	red. factor of grossassim rate as function of low min. temp.	℃
同化物向生物量的转化	CLV	同化物向叶片的转化率	efficiency of conversion into leaves	
	CV0	同化物向储存器官的转化率	efficiency of conversion into storage org.	
	CVR	同化物向根的转化率	efficiency of conversion into roots	
	CVS	同化物向茎的转化率	efficiency of conversion into stems	
呼吸作用	Q10	温度每增加 10℃呼吸速率的相对增加率	rel. incr. in resp. rate per 10 ℃ temp. incr.	
	RML	叶片相对维持呼吸速率	rel. maint. resp. rate leaves	$kg\ CH_2O/(kg \cdot d)$
	RM0	储存器官相对维持呼吸速率	rel. maint. resp. rate stor. org.	$kg\ CH_2O/(kg \cdot d)$
	RMR	根相对维持呼吸速率	rel. maint. resp. rate roots	$kg\ CH_2O/(kg \cdot d)$
	RMS	茎相对维持呼吸速率	rel. maint. resp. rate stems	$kg\ CH_2O/(kg \cdot d)$
	RFSETB	死亡相对减小因子(发育阶段的函数)	red. factor for senescence as function of DVS	

续表

类别	代码	参数描述	参数描述(英文)	单位
分配	FRTB	总干物质对根的分配系数(发育期的函数)	fraction of total dry matter to roots as a function of DVS	
	FLTB	地上干物重对叶片的分配系数	fraction of above-gr. DM to leaves as a function of DVS	
	FSTB	地上干物重对茎的分配系数	fraction of above-gr. DM to stems as a function of DVS	
	FOTB	地上干物重对储存器官的分配系数	fraction of above-gr. DM tostor. org. as a function of DVS	
死亡率	PERDL	水分胁迫下根的最大死亡率	max. rel. death rate of leaves due to water stress	
	RDRRTB	根相对死亡率(发育阶段的函数)	rel. death rate of roots as a function of DVS	kg/(kg · d)
	RDRSTB	茎相对死亡率(发育阶段的函数)	rel. death rate of stems as a function of DVS	kg/(kg · d)
水的应用	CFET	蒸腾作用校正系数		
	DEPNR	对于水分损耗的作物群体数	crop group number for soil water depletion [—]	
	IAIRDU	根中的空气导管系数	air ducts in roots present (=1) or not (=0)	
根系	RDI	初始根深度	initial rooting depth	cm
	RRI	根生长深度的最大日增长	maximum daily increase in rooting depth	cm/d
	RDMCR	最大根深	maximum rooting depth	cm
营养含量参数		氮(N)、磷(P)、钾(K)含量的最大值和最小值		
	NMAXSO	储存器官的最大含N量		kg/kg
	NMAXVE	植株器官的最大含N量		kg/kg
	NMINSO	储存器官的最小含N量		kg/kg
	NMINVE	植株器官的最小含N量		kg/kg
	PMAXSO	储存器官的最大含P量		kg/kg
	PMINSO	储存器官的最小含P量		kg/kg
	PMINVE	植株器官的最小含P量		kg/kg
	PMAXVE	植株器官的最大含P量		kg/kg
	KMAXSO	储存器官的最大含K量		kg/kg
	KMAXVE	植株器官的最大含K量		kg/kg
	KMINSO	储存器官的最小含K量		kg/kg
	KMINVE	植株器官的最小含K量		kg/kg
	YZERO	无籽粒产量时植株最大生物量(用于计算氮含量)	max. amount veg. organs at zero yield	kg/hm^2
	NFIX	生物固氮吸收比例	fraction of N-uptake from biol. fixation	

3.5.2.2　作物生长模型参数“本地化”和适用性分析

在作物生长模型进行业务化应用之前，首先要对作物生长模型提供的缺省参数进行优化、调整，即参数“本地化”，然后进行验证和评估，得到一套适合本地区作物生长模拟的模型参数集，为作物模型区域应用提供基础。

以 WOFOST 作物生长模型中的冬小麦模型为例，介绍在业务应用中实现模型参数的“本地化”业务的途径和适用性检验效果。

WOFOST 冬小麦模型参数“本地化”主要有三种方法。一是利用常规农业气象观测资料实现参数“本地化”，利用 2009—2013 年全国农业气象观测站的冬小麦发育期资料和气象资料，分别计算了播种至出苗、出苗至开花、开花至成熟等阶段的有效积温，然后计算其算术平均值作为作物参数中的 TSUMEM(播种—出苗的积温)、TSUM1(出苗—开花期的积温)、TSUM2(开花—成熟期的积温)。二是通过试验资料，利用甘肃西丰、河北固城、山东泰安、河南郑州和信阳、安徽宿州、江苏徐州和兴化、云南昆明等农业气象试验站冬小麦试验观测资料确定和查阅相关文献相应区域的 SLATB(比叶面积)、FLTB、FSTB、FOTB(地上干物质中叶、茎、穗的分配系数)等参数。三是通过“试错法”对其他作物参数(叶片相对最大生长速率、地上器官同化物转移系数、叶片最大 CO_2 同化速率、叶片光能利用率)进行校正，剩余参数则采用模型缺省值。

在 WOFOST 中冬小麦模型运行环境进行开发整理的基础上，选取小麦主产区的代表站进行模型敏感性、不确定性分析，确定了 WOFOST-冬小麦在我国冬麦区应用的可行性。以河北固城、山东泰安站、河南郑州站作为代表站，对 WOFOST-冬小麦模型在华北黄淮地区的适用性进行检验。

以冬小麦发育期、叶面积指数、地上器官(叶、茎、穗)重、地上总生物量为目标，分别利用固城站 2009—2011 年各年度、郑州站 2010—2013 年各年度、泰安站 2006—2012 年各年度的试验资料与模型模拟的结果进行比较，对 WOFOST-冬小麦模型的适用性进行检验。

(1)发育期模拟效果检验

在调整部分参数的基础上，以三叶、分蘖、越冬开始、返青、拔节、抽穗、开花、乳熟、成熟等发育期为对象，利用 WOFOST 模型进行模拟，对三个站点冬小麦发育期模拟精度较高，泰安和郑州站点模拟结果如图 3.1 所示，确定系数 R^2 均超过 0.99。

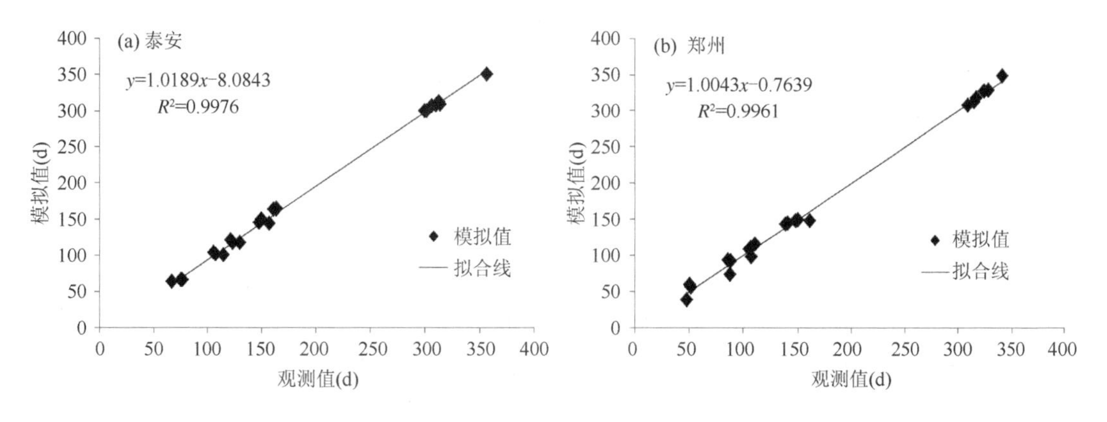

图 3.1　山东泰安和河南郑州站冬小麦发育期模拟值与观测值对比

(2)叶面积指数模拟检验

叶面积指数(LAI)是指单位土地面积上植物叶片总面积占土地面积的倍数,是反映植物群体生长状况的一个重要指标,其大小直接与最终产量高低密切相关。利用参数调试后的模型,代表站点模拟的冬小麦叶面积指数动态变化与实测值基本一致(图 3.2),生长前期缓慢增长,中后期抛物线形变化,而越冬时段则基本保持不变;总体上模拟值与观测值的相关性较好,其中郑州站点确定系数 R^2 为 0.8148,两者线性回归系数为 0.9026,比较接近 1∶1 线。

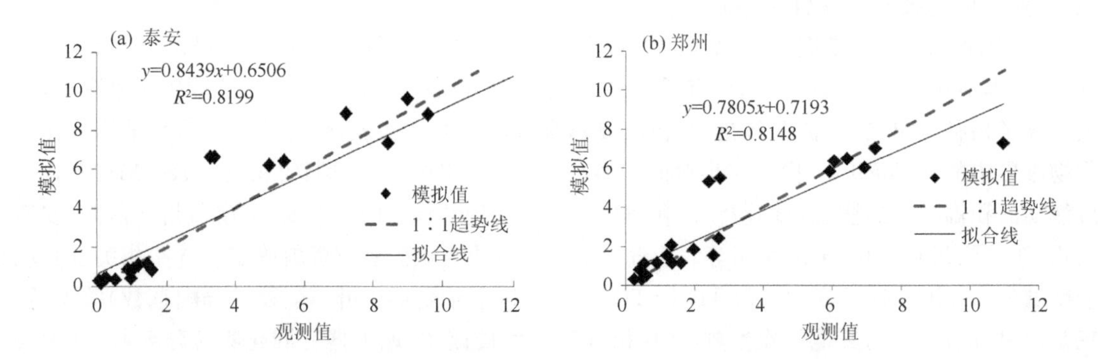

图 3.2　山东泰安和河南郑州站冬小麦叶面积指数模拟值与观测值对比

(3)地上部分生物量模拟检验

冬小麦地上部分总生物量包括叶片重量、茎重和穗重(抽穗后),地上总生物量的模拟效果很好,变化趋势模拟值与观测值一致性高。从图 3.3 可以看出,泰安站和郑州站冬小麦地上部分总生物量模拟值与观测值的相关性高,R^2 为 0.90 以上,线性回归系数高于 0.95,模拟值和观测值接近,较均匀地分布在 1∶1 线两侧。

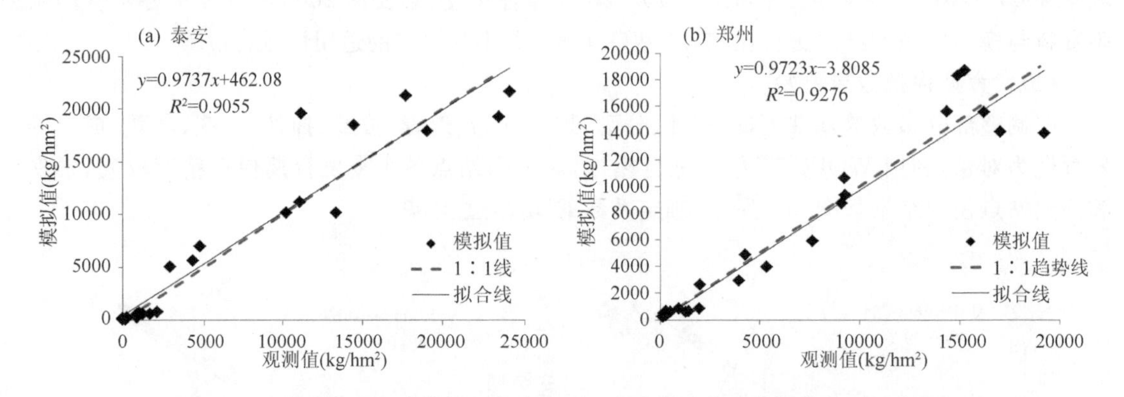

图 3.3　山东泰安和河南郑州站冬小麦地上部分总生物量模拟值与观测值对比

同时,分别对叶、茎、穗等各器官进行了模拟分析,其中叶生物量的模拟效果较好。以河北固城站为例,如图 3.4 所示,河北固城站 2010—2011 年度冬小麦所示各器官生物量的模拟值与观测值变化趋势一致,叶生物量和茎生物量在生长前期和后期的模拟值与观测值接近,但旺盛生长阶段模拟的最大值未达到观测值,模拟的最终穗重则是低于观测的籽粒产量;地上部分总生物量模拟值与观测值的拟合效果最好。

综合对试验站点的模拟效果,总体上 WOFOST 模型能较好地反映出冬小麦发育期叶面积指数和地上部分及各器官生物量的变化,说明 WOFOST 冬小麦模型在华北黄淮冬小麦主产区具有适用性。

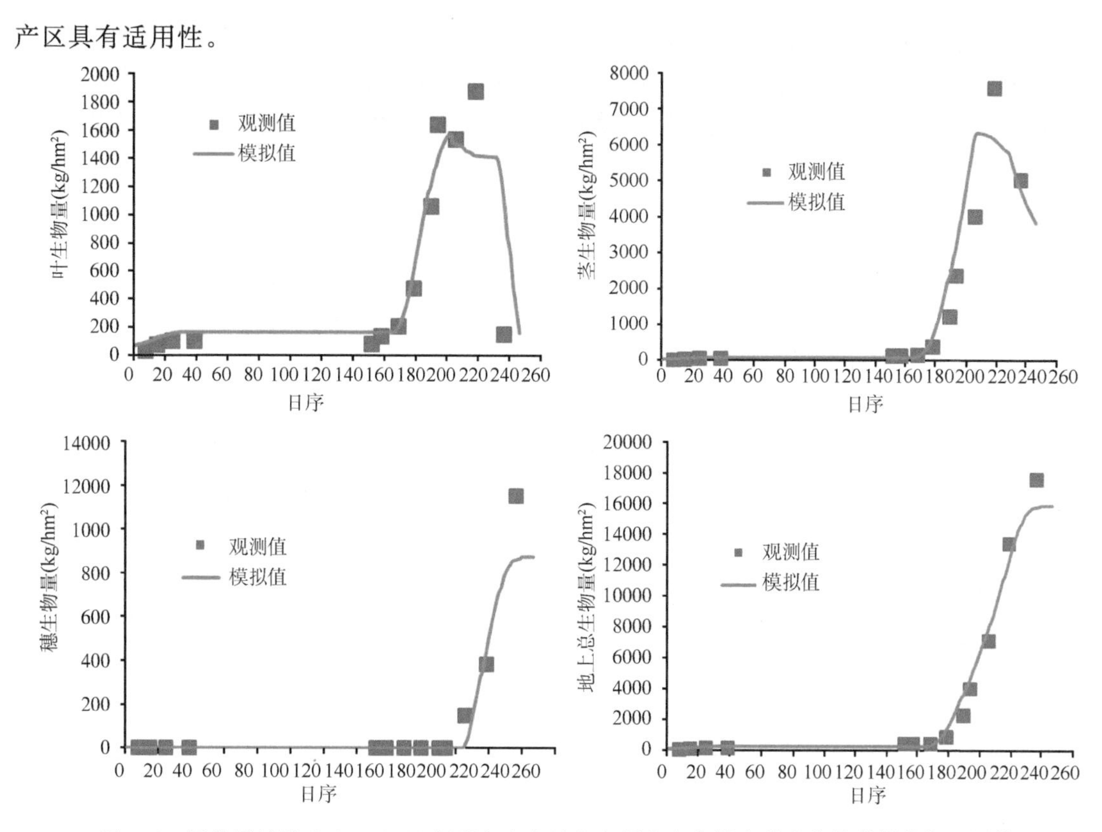

图 3.4 河北固城站 2010—2011 年度冬小麦地上各器官生物量和总生物量模拟值与观测值

3.5.3 基于作物生长模型的作物产量动态预报方法技术

作物生长模型机理性强,具有动态、定量等特征。在目前技术水平条件下,利用作物生长模型进行产量预报是一种积极的尝试,目的是为作物产量预报提供一种客观定量化依据,国内专家学者利用 WOFOST 模型、ORYZA2000 水稻模型在玉米、冬小麦和水稻等作物的产量预测方面进行许多相关研究和应用。作物生长模型产量预报结论作为一种比较重要的依据参与业务应用,结合其他预报方法,促进作物产量预报技术水平的提升和预报准确率的提高。

3.5.3.1 基于作物生长模型的作物产量预报方法建立

利用作物生长模型输出的地上部分总干物质重或穗重生物量要素,选择一种或两种作为作物单产预报参数,根据历史预报检验的准确率确定适合的方法。

(1)直接模拟作物产量

利用预报时段前期实时气象资料和后期气候平均值组成全生育期完整的气象数据,运行作物模型,在不同时间段动态模拟,得到穗干重,乘以经济系数(当地籽粒重与穗干重之间的比重系数),即为预测的作物产量。但由于穗干重值高于作物产量(粒重),且模型对穗重的模拟存在一定误差,可能会造成预报准确率偏低。

(2)动力-统计型的作物产量动态预测模型

利用作物模型和前期实时气象条件预测作物产量,即确定作物生长中后期累积的干物质与最终产量的相互关系,建立动力-统计型的作物产量动态预测模型,在作物生长的中后期,利用前期实时模拟的累积干物质重量动态地预测气象产量,进而借助趋势产量预测最终产量。具体步骤为:1)采用统计方法将社会产量分离为趋势产量和气象产量,并计算相对气象产量百分率;2)将相对气象产量与模拟的不同发育阶段累积干物质重量进行相关分析,建立动力-统计型产量动态预测模型。

(3)相对产量预报方法

为了减小模型模拟精度对作物产量预报结果的影响,提高产量预报准确率,采用比值法预报作物单产。具体做法是:利用预报时段前期实时气象资料和后期气候平均值组成全生育期完整的气象数据,运行作物模型,模拟当年作物生物量(地上部分总生物量或穗重);同时利用上一年的实际气象资料或是采取实际气象资料和气候平均资料组合的方法运行模型得到上年作物生物量。计算本年的生物量与上年生物量的增减百分比,作为产量增减幅度的预报,根据作物上年的实际产量和预报的增减幅度得到本年的作物产量预报值,见式(3.38)和式(3.39)。

$$Y_{fi} = Y_{ri-1} \times (1 + \Delta D) \tag{3.38}$$

$$\Delta D = (W_i - W_{i-1}) / W_{i-1} \tag{3.39}$$

式中,Y_{fi}为某年的产量预报值,Y_{ri-1}为上一年的实际产量,ΔD为模型模拟的地上部分总生物量或穗重两年间增减幅度,W_i和W_{i-1}分别为预报年和上一年的模型模拟的地上部分总生物量或穗重。

以“相对产量预报方法”为例,基于作物生长模型的产量预报流程见图3.5。

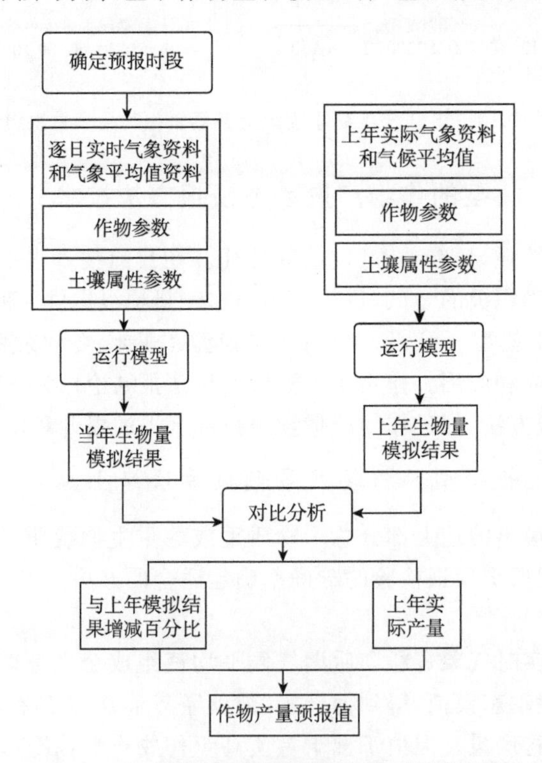

图3.5 基于作物生长模型的产量预报流程图

3.5.3.2 基于WOFOST冬小麦模型的作物产量预报方法检验

以WOFOST冬小麦模型为例,对直接预报方法和相对预报方法预报效果进行检验。

(1)对直接预报方法模拟效果检验

以对站点模拟检验为主，以2011年河北省主产县和2014—2015年全国农业气象站冬小麦产量进行模拟效果检验。

例1，以河北省为例，根据历史年2011年主产县的冬小麦单产与主产县代表气象站模拟的穗生物量进行对比分析，平均经济系数为0.9201，对86个站点模拟回代，预报值与实际值对比平均准确率为82.2%。

例2，利用全国农业气象站气象资料和冬小麦观测资料，挑选出农业气象站2014—2015年冬小麦产量观测资料共81个站次资料；站点模拟穗重与实际观测产量进行比较，准确率在80%以上的比例为41%。

(2)相对产量预报方法模拟效果检验

以2013—2014年度冬小麦产量预报为例，在2014年4月11日进行预报，从出苗至2014年4月10日的气象资料为实际观测资料，2014年4月11日至成熟(以前三年平均成熟日作为2014年预测成熟日)气象资料用气候平均值，2013年度出苗至成熟的气象资料为实际观测资料；分别模拟2013年和2014年冬小麦成熟时的地上总生物量，根据生物量相对变化及2013年实际产量预测2014年主产省冬小麦产量(表3.54)。

表3.54　2014年主产省份及全国冬小麦平均单产预测结果

省份	2013年地上总生物量(kg/hm^2)	2014年地上总生物量(kg/hm^2)	相对变化量(%)	2013年实际单产(kg/hm^2)	2014年预测单产(kg/hm^2)	预报准确率(%)
安徽	15954	15418	−3.4	5475.1	5291.1	92.4
北京	13604	15510	14.0	5172.1	5896.8	86.1
甘肃	10909	11236	3.0	2593.8	2671.5	92.1
贵州	14142	13851	−2.1	2045.8	2003.7	81.9
河北	15505	16388	5.7	5848.5	6181.5	98.8
河南	16614	17604	6.0	6012.0	6370.3	96.5
湖北	14204	14006	−1.4	3807.1	3754.0	95.7
江苏	16037	15696	−2.1	5129.7	5020.6	93.5
宁夏	10904	13316	22.1	1653.1	2018.7	82.5
山东	16629	18402	10.7	6040.4	6684.4	89.6
山西	14372	16893	17.5	3405.0	4002.2	95.9
陕西	11882	11785	−0.8	3560.5	3531.4	91.7
上海	16433	16462	0.2	3975.7	3982.7	93.8
四川	13722	14483	5.5	3464.6	3656.8	98.8
天津	15169	14919	−1.6	5262.8	5176.1	96.1
新疆	10521	11042	5.0	5527.0	5800.7	95.9
云南	12989	12739	−1.9	1841.7	1806.2	93.9
全国集成	15490.6	16167.2	4.4	5137.0	5361.4	99.3

3.5.3.3　基于WOFOST模型的冬小麦逐月产量动态预报研究和检验

利用相对产量预报方法，在不同预报时段，对预报年作物生物量参数(地上总生物量TAGP和穗生物量TWSO)模拟值与上年对比得到产量增减幅度预报值ΔD。采用不同的处理方法，如预报年的气象资料采取实时资料和历史 30 年(1981—2010 年)平均资料组合，上年的气象资料采取全生育期均为观测气象资料或与预报年采取观测资料和历史平均资料组合的两种方式，考虑两种输出参数以及无水分胁迫(PPS)和考虑水分胁迫(WPS)等，组合成 8 种处理方法，具体处理见表 3.55。对各主产省份及全国区域 2003—2015 年 3 月末和 4 月末时段的冬小麦产量预报准确率进行比较，F5 处理的平均准确率最高、标准差最低，其中 3 月末结果的比较见图 3.6，因此确定 F5 为最终的产量预报方法。

表 3.55　气象资料组合和作物生长模型输出生物量处理方法设置

处理方法	上年度气象资料处理	生物量参数	水分处理
F1	实际气象资料	TAGP	PPS
F2	实际气象资料	TAGP	WPS
F3	实际气象资料	TWSO	PPS
F4	实际气象资料	TWSO	WPS
F5	实际和气候平均资料	TAGP	PPS
F6	实际和气候平均资料	TAGP	WPS
F7	实际和气候平均资料	TWSO	PPS
F8	实际和气候平均资料	TWSO	WPS

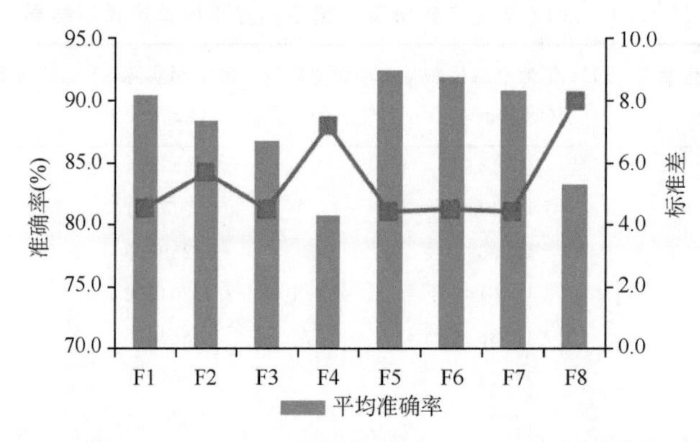

图 3.6　各主产省份 2003—2015 年 3 月末时段冬小麦平均单产预报准确率和标准差

F5 处理预报方法的预报效果检验中，2003—2015 年 2 月末、3 月末和 4 月末三个时段模拟的共 573 个预报结果中，与实际产量对比，准确率(T)在 90%及以上的比例为 78.7%，具体见表 3.56。

表 3.56　不同预报准确率级别比例

T<85%	85%≤T<90%	90%≤T<95%	95%≤T<100%
10.5%	10.8%	31.4%	47.3%

各主产省份 2003—2015 年预报结果的平均准确率见表 3.57。根据上一年的面积权重，由各省份的预报结果集成全国冬小麦平均单产，省级平均预报准确率为 86.2%～96.2%，全国平均单产预报准确率为 94.5%～96.2%，预报准确率较高，预报效果较好。模拟结果与基于历史产量丰歉影响指数的统计方法进行比较，结果显示大部分省份基于作物模型的产量预报准确率比基于统计方法的准确率略偏低，而山西、云南、贵州偏高(图 3.7)；以河北和山西两省为例，两种方法的逐年准确率都存在一定的波动性和不稳定性(图 3.8)。

表 3.57　主产省份及全国不同时段冬小麦平均单产预测平均准确率(%)

预报区域	预报时段			预报区域	预报时段		
	2 月 28 日	3 月 31 日	4 月 30 日		2 月 28 日	3 月 31 日	4 月 30 日
新疆	95.5	95.5	89.7	河南	96.0	93.8	94.1
甘肃	90.9	89.2	86.8	江苏	93.9	91.3	90.9
河北	96.9	95.9	95.8	安徽	92.2	90.5	90.5
北京	95.4	95.6	94.9	四川	96.6	95.9	95.0
山西	89.2	88.1	87.7	湖北	92.9	91.4	92.3
天津	97.5	96.1	95.2	云南	92.6	92.8	92.8
陕西	93.4	92.2	91.3	贵州	91.0	91.9	90.8
山东	97.2	96.2	96.4	全国	96.2	95.8	94.5

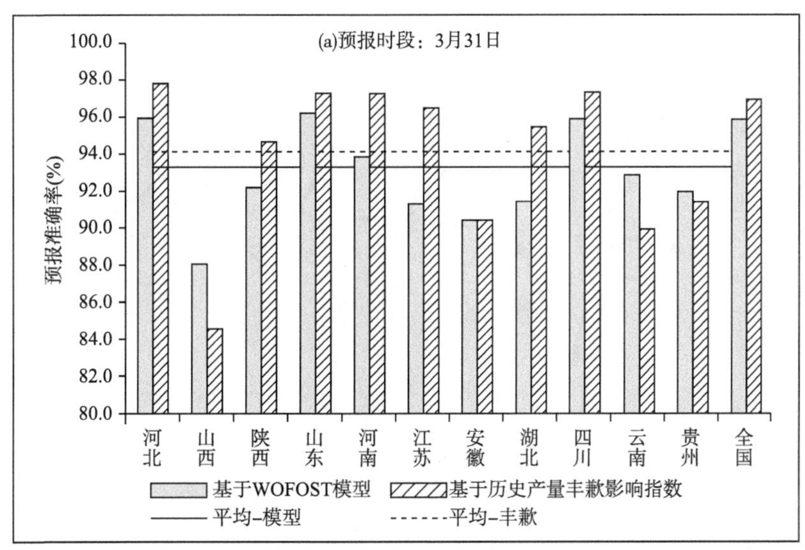

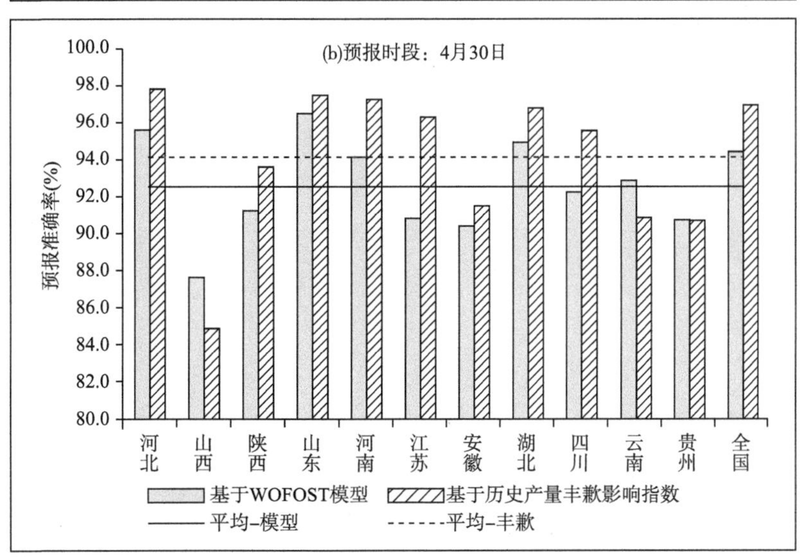

图 3.7　基于 WOFOST 模型与统计方法的冬小麦平均单产预报准确率比较

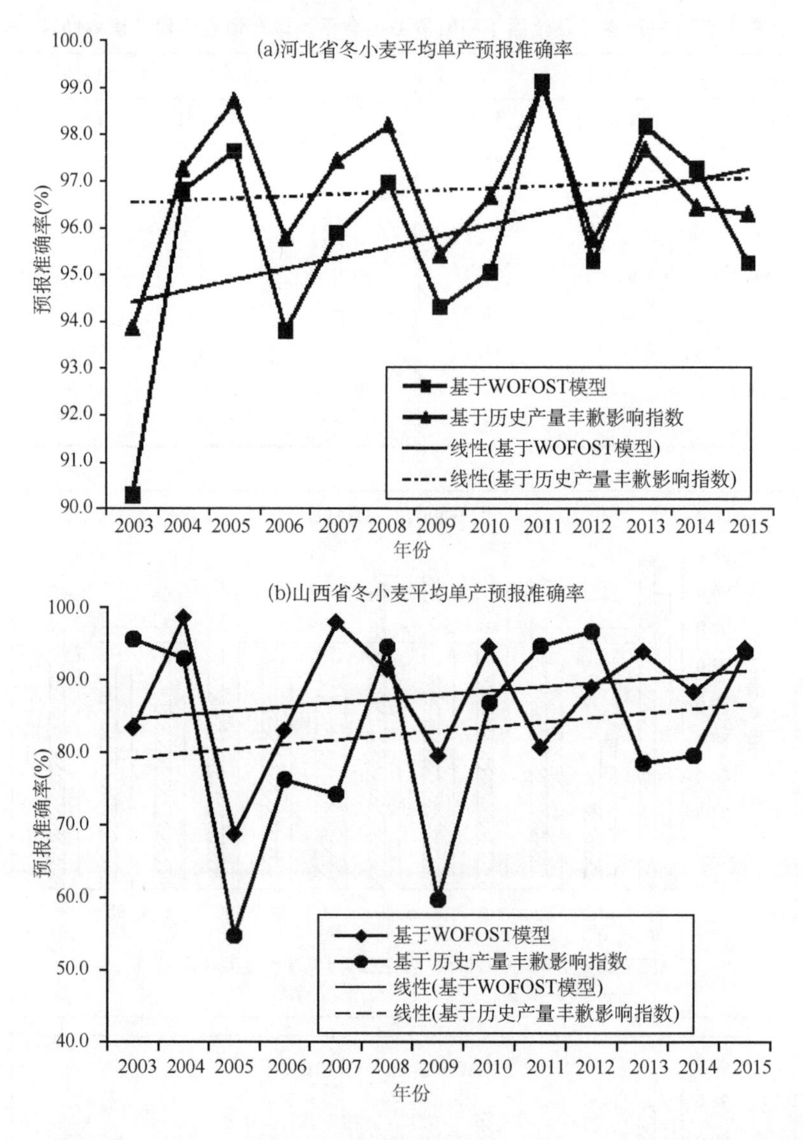

图 3.8　河北省和山西省基于 WOFOST 模型与统计方法的冬小麦逐年平均单产预报准确率

第 4 章　作物产量动态预报业务服务系统

作物产量动态预报业务服务系统是在 FATWIRE ContentServer(核心框架)、ExtJs(组件库)和 FusionCharts(报表工具)应用平台的支撑下，利用 SOA(Service-Oriented Architecture)体系结构、UML(Unified Modeling Language)建模语言、J2EE(Java 2 Platform Enterprise Edition)技术规范与指南、Web Service 以及 XML(Extensible Markup Language)可扩展语言等技术开发完成的，系统框架结构见图 4.1。系统包括数据管理、数据分析、基于气候适宜指数动态预报、基于作物产量历史丰歉气象影响指数动态预报、基于关键气象因子影响指数动态预报、集成预报以及图形分析与显示等功能，可实现全国、江南区、华南区双季早稻和双季晚稻，全国、东北区、西北区、华北区、西南区玉米，全国、华北黄淮区、江淮江汉区、西南区冬小麦，全国、西北内陆区、黄河流域区、长江流域区棉花等作物产量逐月动态预报。

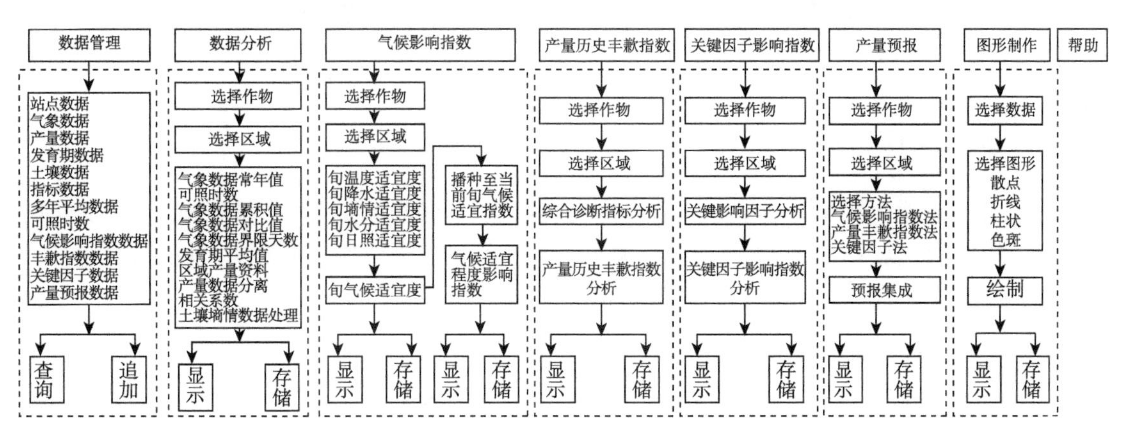

图 4.1　系统框架结构

4.1　系统登录

系统登录界面主要包括登录名称和登录密码 2 个选项，如图 4.2 所示。

4.2　系统主要功能

系统主要功能包括数据管理、数据分析、气候影响指数、产量历史丰歉指数、关键因子影响指数、产量预报、图形制作和帮助 8 个模块。以下各模块中相应功能以冬小麦为例介绍。

图 4.2　粮棉作物产量动态预报应用服务系统登录界面

4.2.1　数据管理模块

数据管理模块主要是对系统涉及的作物代表站点、气象要素数据、产量资料数据、发育期数据、土壤墒情数据、指标数据、产量预报结果等相关数据进行管理。主要功能包括数据查询、数据追加两部分。

4.2.1.1　数据查询

主要功能为按照不同的数据类型进行查询,主要包括作物代表站点、基本气象要素、作物产量数据、作物发育期数据、土壤数据、指标数据、多年平均数据、可照时数数据、气候影响指数数据、产量历史丰歉指数数据、关键影响因子指数数据和产量预报数据共 12 类。

(1)作物代表站点查询

主要功能为查询所选作物、所选各主产区域的代表站点资料,主产区域包括全国区、作物产区及主产省份,查询结果中包括代表站号、所属省份、站点名称、纬度、经度、海拔高度,查询结果以 txt 文件格式导出,以冬小麦为例,查询结果见图 4.3—4.5。

(2)基本气象要素查询

主要功能为查询所选作物、所选代表站点、所选起止时间段内的基本气象要素数据,包括逐日最高气温、逐日最低气温、逐日降水量和逐日日照时数,查询结果以 txt 文件格式导出,以冬小麦为例,查询结果见图 4.6—4.9。

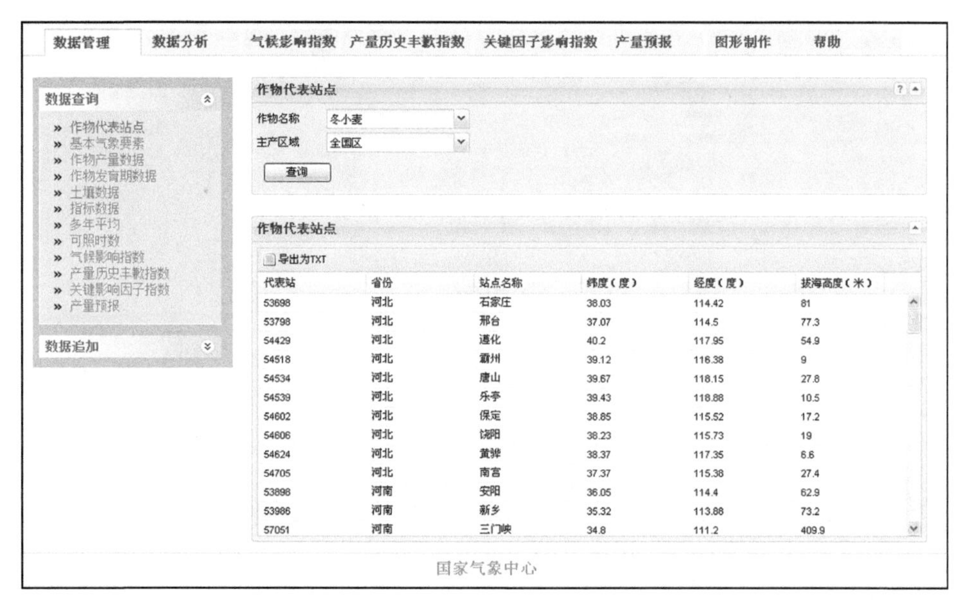

图 4.3　全国区冬小麦代表站点查询界面

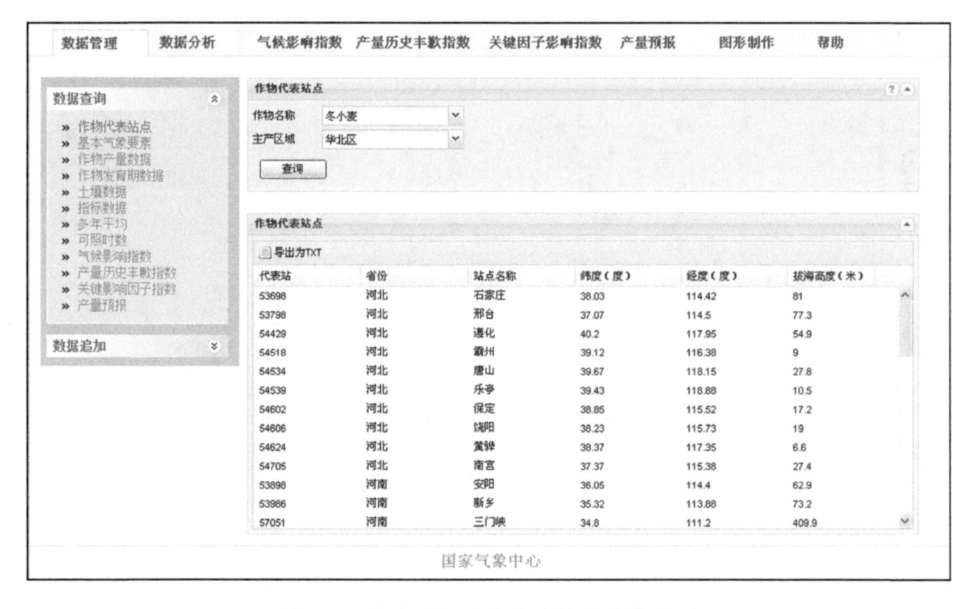

图 4.4　华北区冬小麦代表站点查询界面

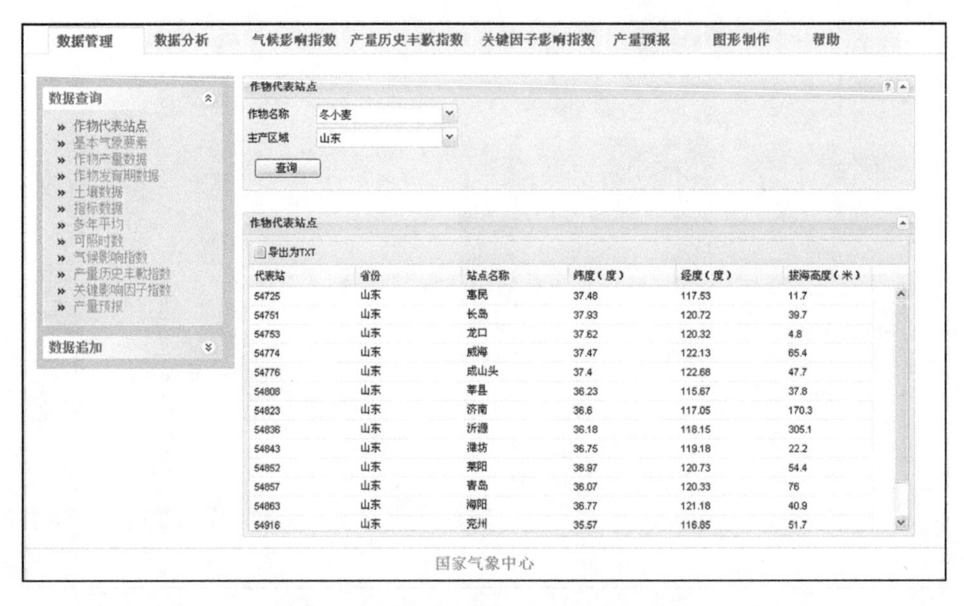

图 4.5　山东省冬小麦代表站点查询界面

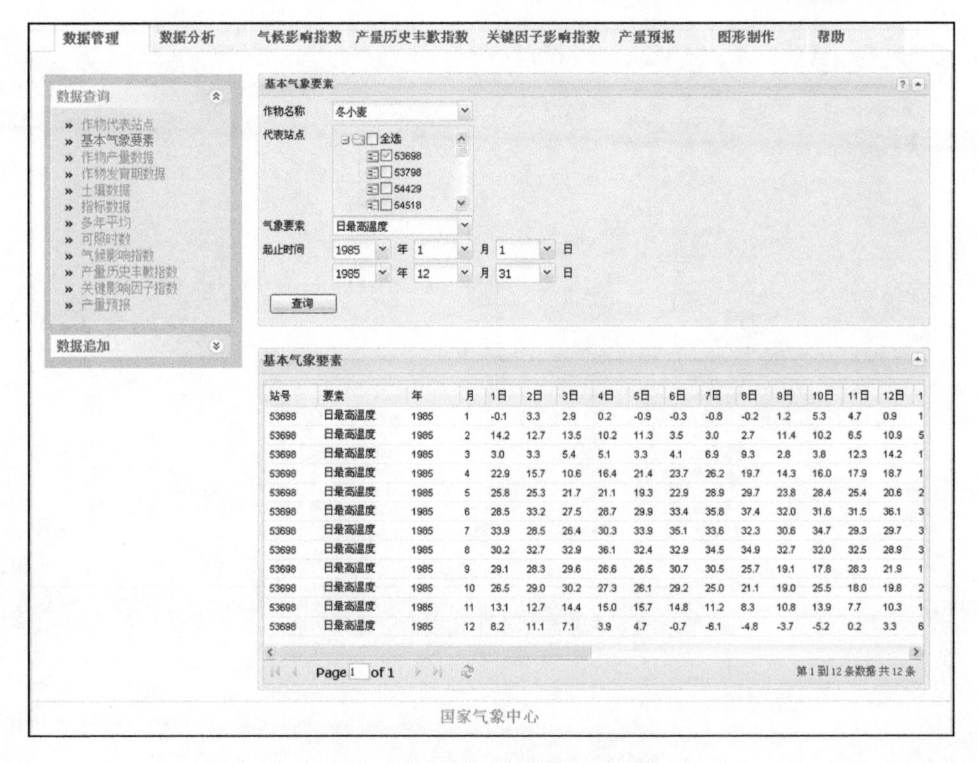

图 4.6　逐日最高气温要素查询界面

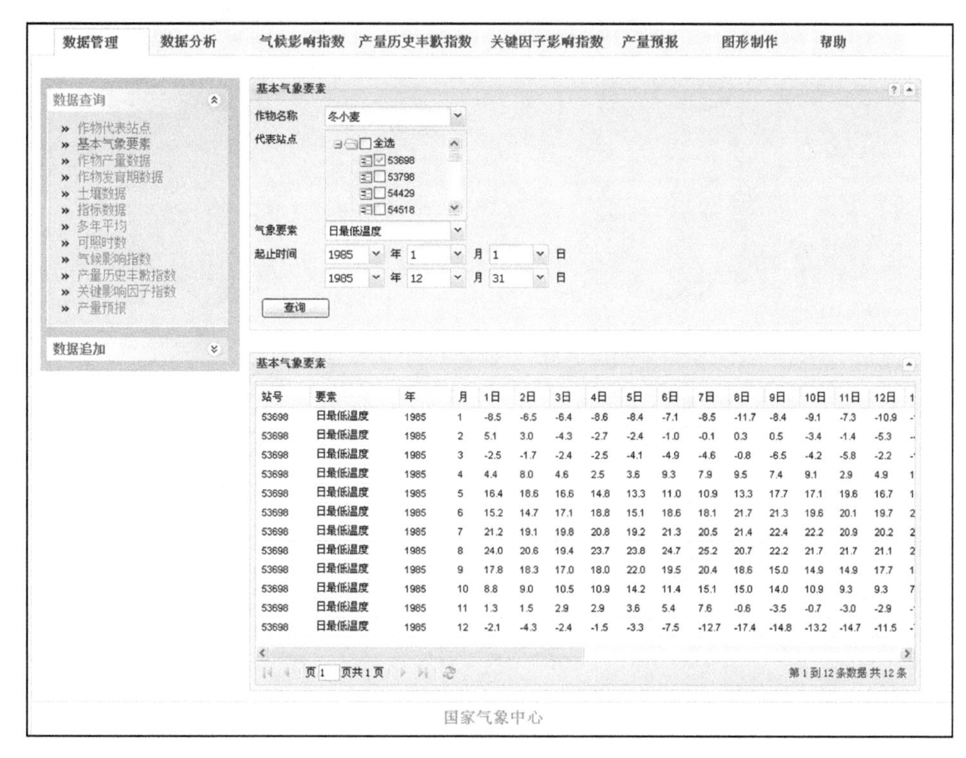

图 4.7　逐日最低气温要素查询界面

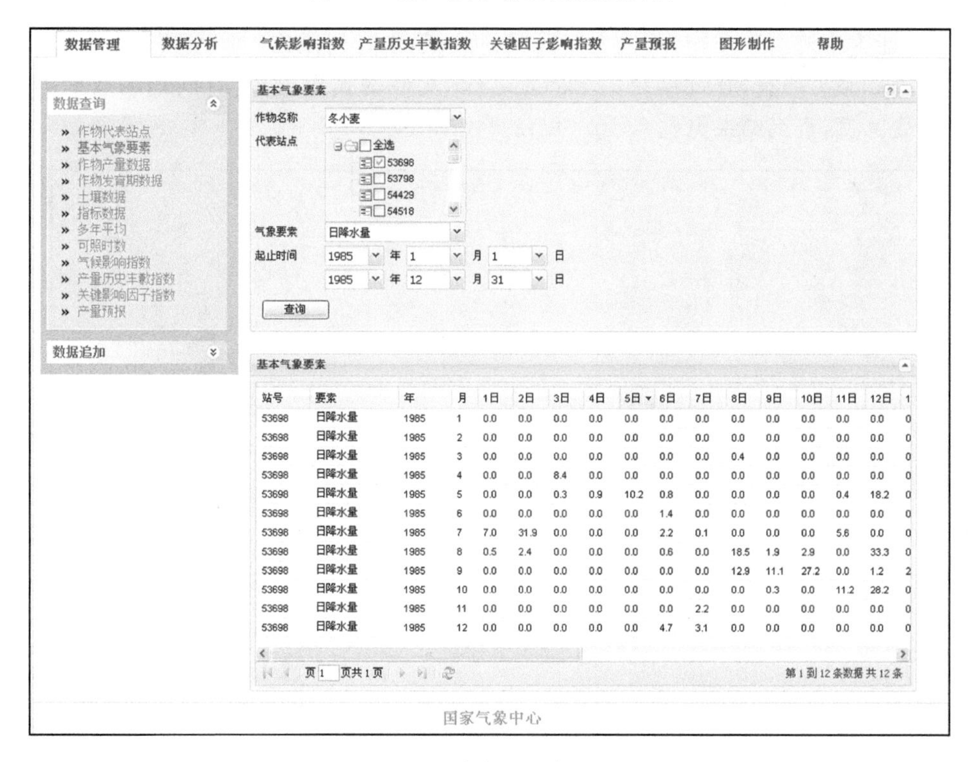

图 4.8　逐日降水量要素查询界面

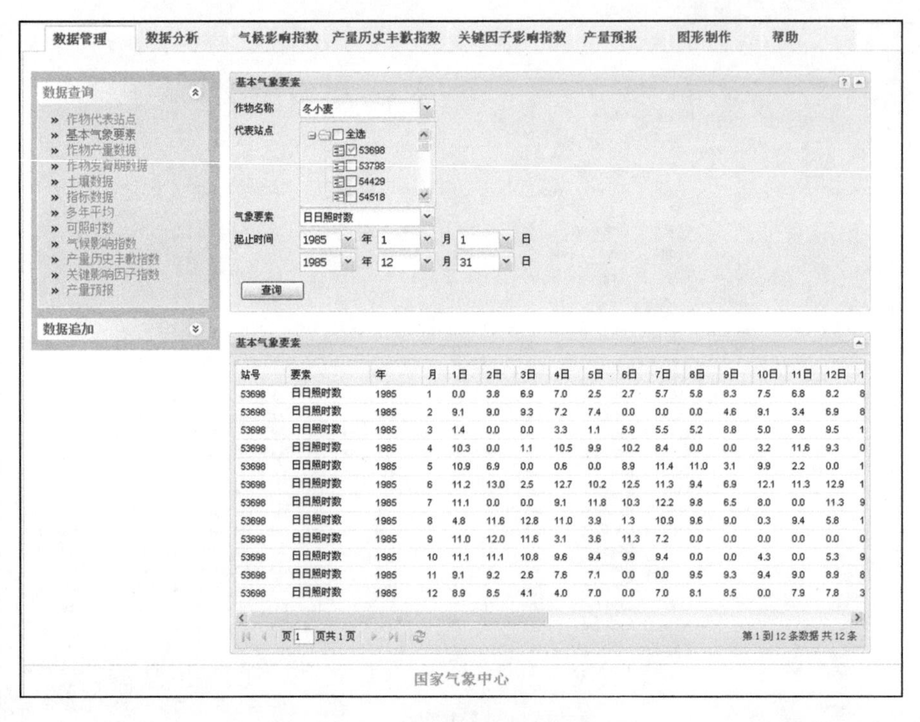

图 4.9　逐日日照时数要素查询界面

(3)作物产量数据查询

主要功能为查询所选作物、所选主产区域、所选起止时间段内的产量要素数据，包括平均单产、种植面积和总产量，查询结果以 excel 或 txt 文件格式导出，对有问题的数据可进行修改，以冬小麦为例，查询结果见图 4.10—4.12。

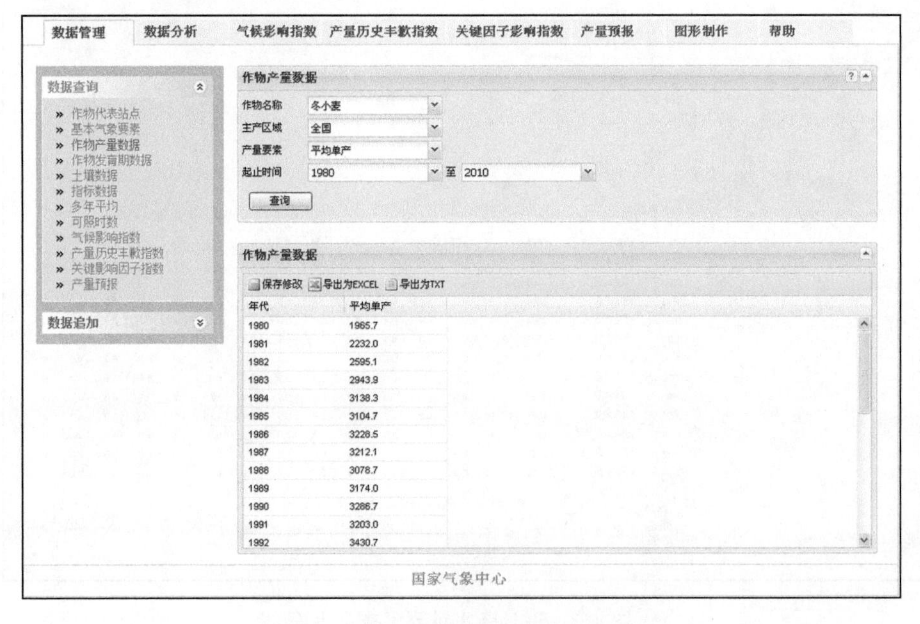

图 4.10　冬小麦平均单产数据查询界面

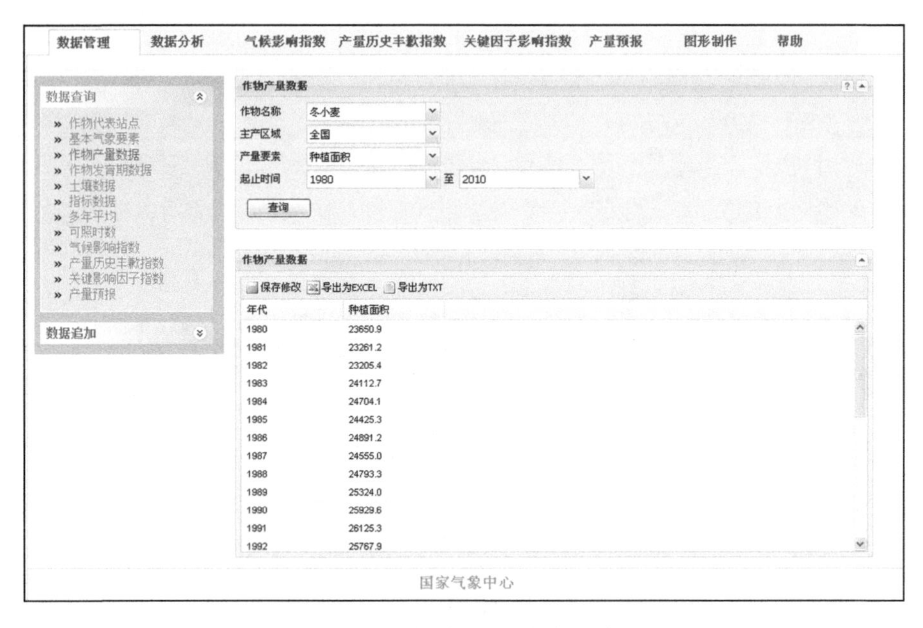

图 4.11　冬小麦种植面积数据查询界面

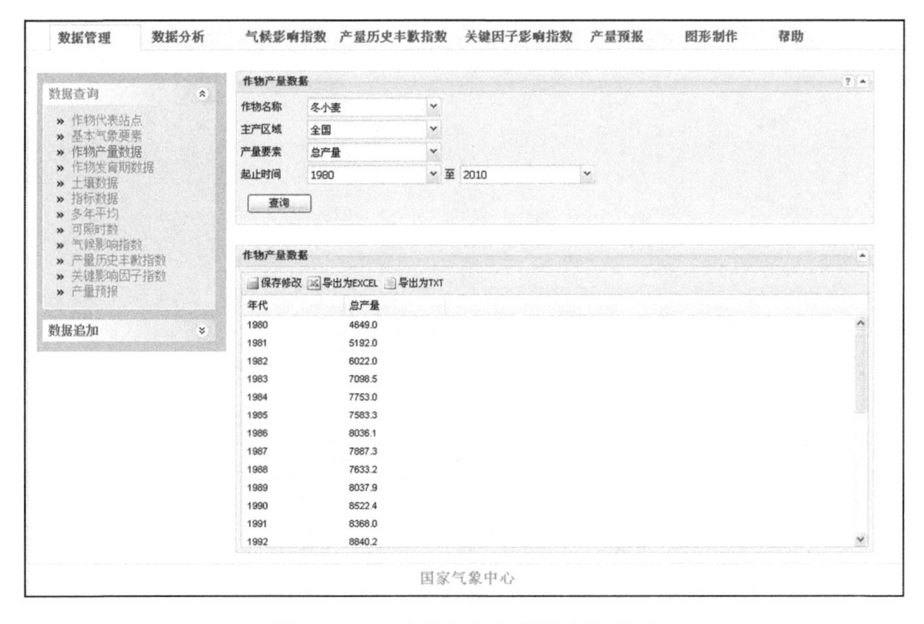

图 4.12　冬小麦总产量数据查询界面

(4)作物发育期数据查询

主要功能为查询所选作物、所选区域的作物平均发育期数据，以及所选起止时间段内所选代表站点逐年发育期及平均发育期数据，查询结果以 excel 或 txt 文件格式导出，对有问题的发育期数据可进行修改，以冬小麦为例，查询结果见图 4.13—4.14。

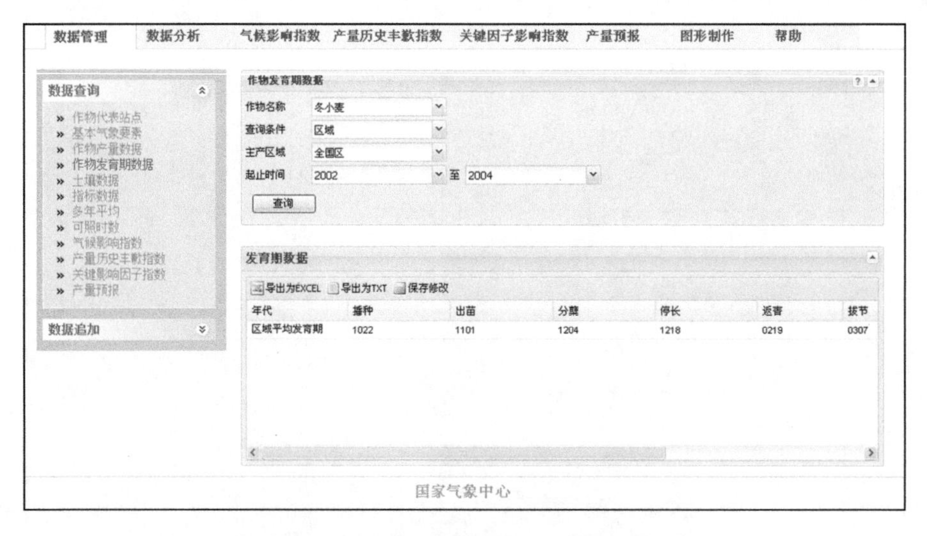

图 4.13　冬小麦区域平均发育期数据查询界面

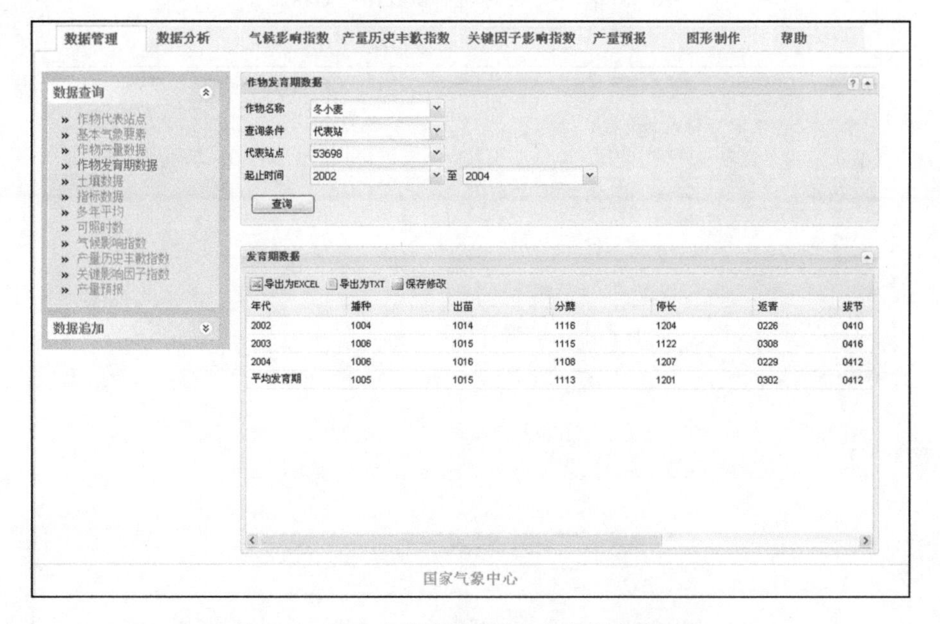

图 4.14　冬小麦代表站点发育期数据查询界面

(5)土壤数据查询

主要功能为查询所选作物、所选区域、所选代表站点、所选起止时间段内的 10 cm 或 20 cm 深度土壤相对湿度数据，查询结果以 excel 或 txt 文件格式导出，以冬小麦为例，查询结果见图 4.15。

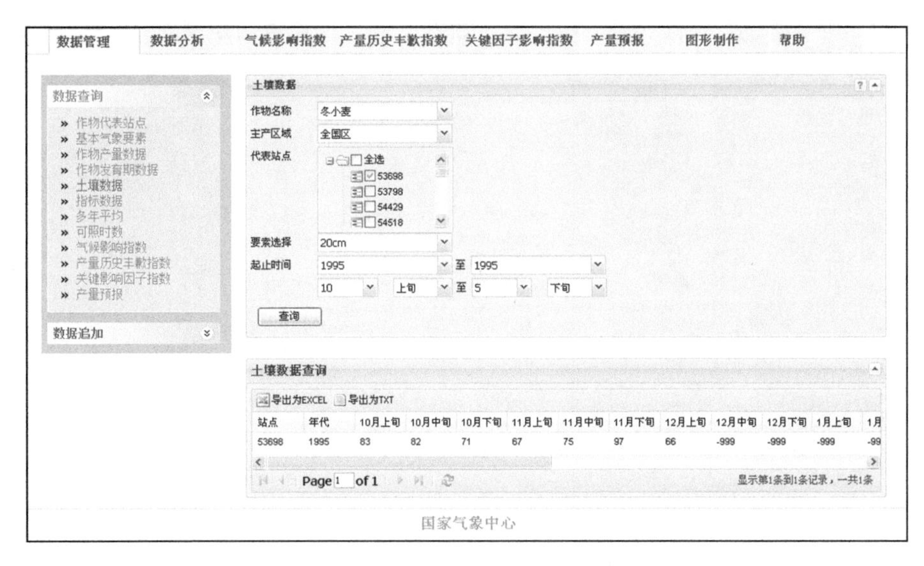

图 4.15　冬小麦代表站点土壤墒情数据查询界面

(6)指标数据查询

主要功能为查询所选作物各个发育期的最高温度、最低温度和最适温度指标、适宜土壤相对湿度指标、日照适宜度常数指标数据，查询结果以 excel 或 txt 文件格式导出，对有问题的数据可进行修改，以冬小麦为例，查询结果见图 4.16—4.18。

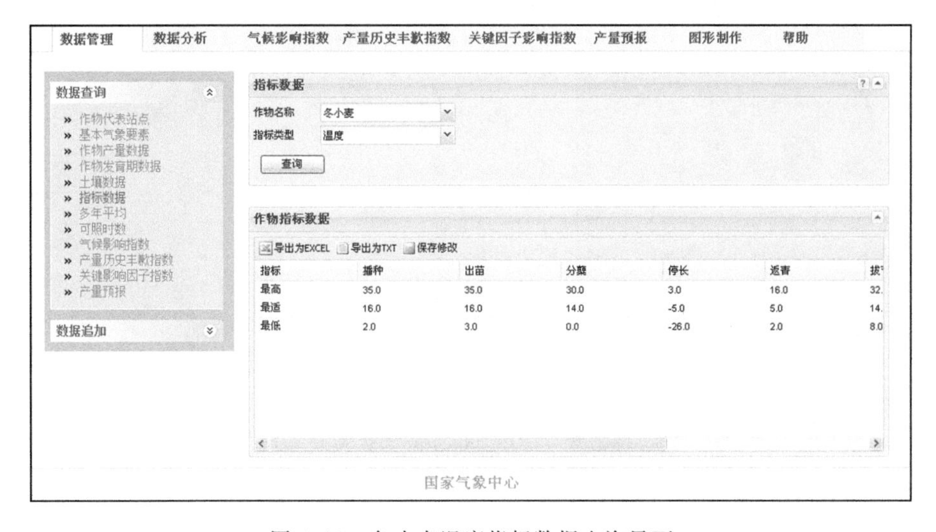

图 4.16　冬小麦温度指标数据查询界面

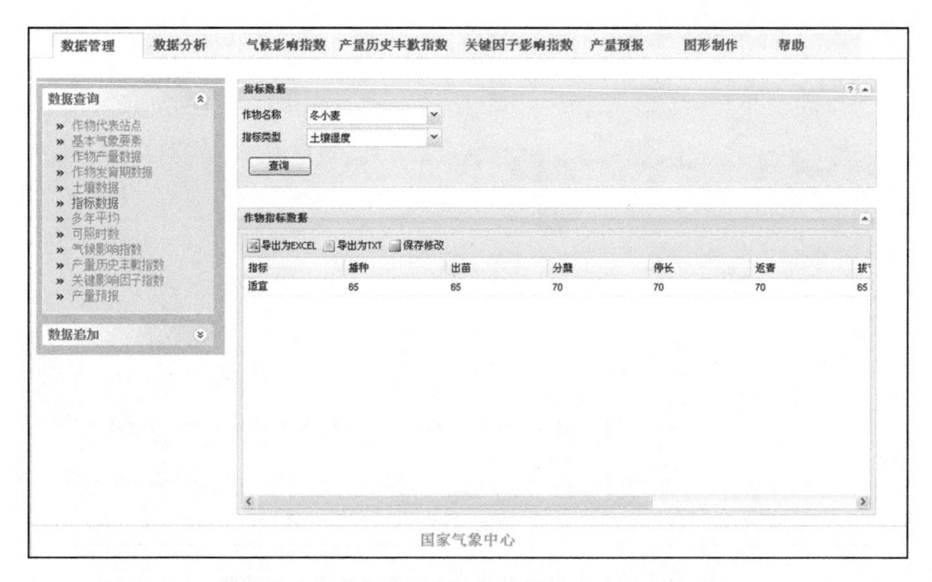

图 4.17　冬小麦土壤相对湿度指标数据查询界面

图 4.18　冬小麦日照适宜度常数指标数据查询界面

(7)多年平均数据查询

主要功能为查询所选作物、所选区域、所选起止时间段内的旬平均气温、旬降水量、旬日照时数多年平均数据，以及代表站点的日平均气温、日降水量和日照时数多年平均数据，查询结果以 excel 或 txt 文件格式导出，对有问题的数据可进行修改，以冬小麦为例，查询结果见图 4.19—4.20。

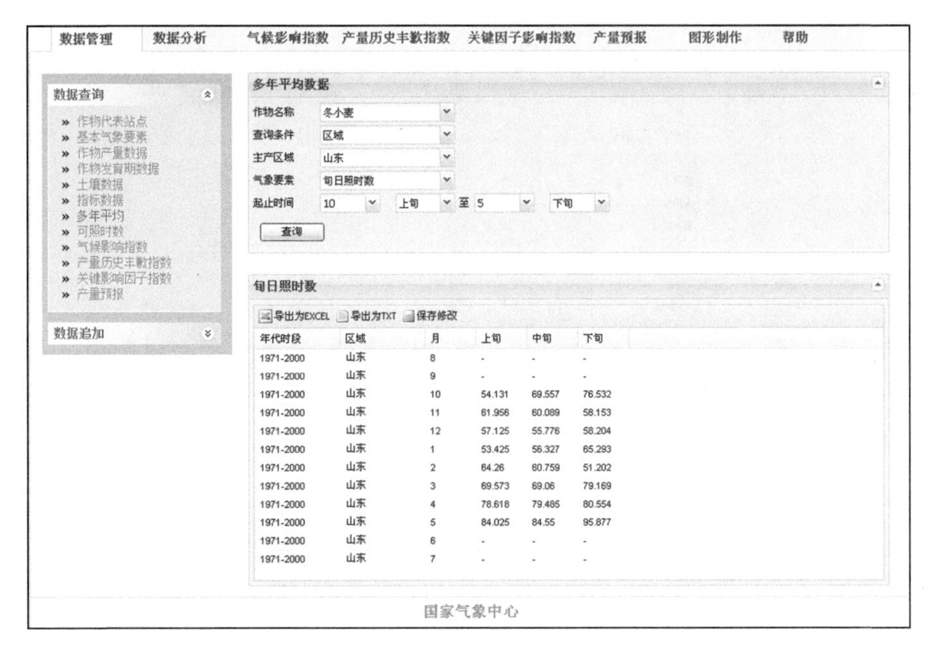

年代时段	区域	月	上旬	中旬	下旬
1971-2000	山东	8	-	-	-
1971-2000	山东	9	-	-	-
1971-2000	山东	10	54.131	69.557	76.532
1971-2000	山东	11	61.956	60.089	58.153
1971-2000	山东	12	57.125	55.776	58.204
1971-2000	山东	1	53.425	56.327	65.293
1971-2000	山东	2	64.26	60.759	51.202
1971-2000	山东	3	69.573	69.06	79.169
1971-2000	山东	4	78.618	79.485	80.554
1971-2000	山东	5	84.025	84.55	95.877
1971-2000	山东	6	-	-	-
1971-2000	山东	7	-	-	-

图 4.19　冬小麦主产区域气象要素多年平均数据查询界面

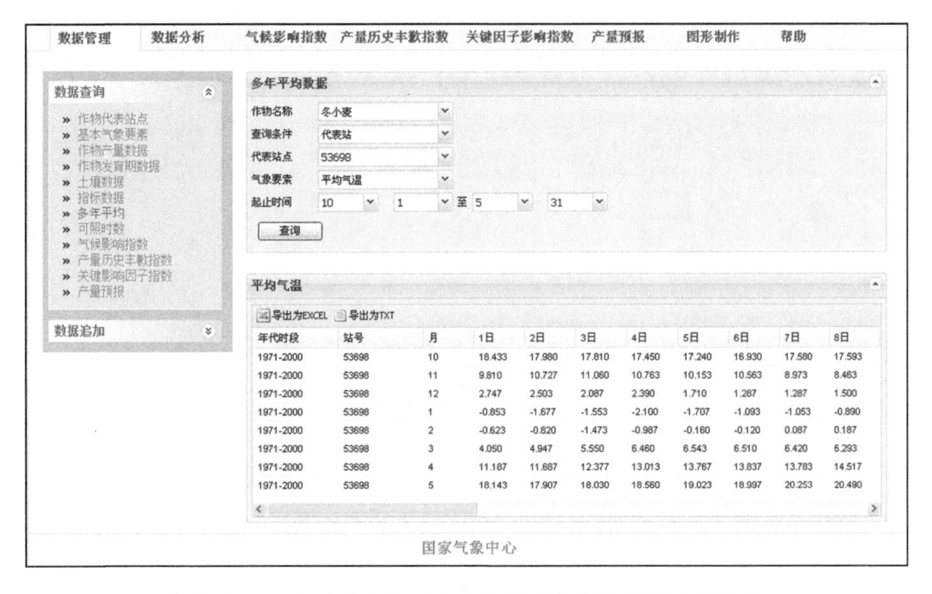

年代时段	站号	月	1日	2日	3日	4日	5日	6日	7日	8日
1971-2000	53698	10	18.433	17.980	17.810	17.450	17.240	16.930	17.580	17.593
1971-2000	53698	11	9.810	10.727	11.060	10.763	10.153	10.563	8.973	8.463
1971-2000	53698	12	2.747	2.503	2.087	2.390	1.710	1.287	1.287	1.500
1971-2000	53698	1	-0.853	-1.677	-1.553	-2.100	-1.707	-1.093	-1.053	-0.890
1971-2000	53698	2	-0.623	-0.820	-1.473	-0.987	-0.160	-0.120	0.087	0.187
1971-2000	53698	3	4.050	4.947	5.550	6.460	6.543	6.510	6.420	6.293
1971-2000	53698	4	11.187	11.687	12.377	13.013	13.767	13.837	13.783	14.517
1971-2000	53698	5	18.143	17.907	18.030	18.560	19.023	18.997	20.253	20.490

图 4.20　冬小麦代表站点气象要素多年平均数据查询界面

(8)可照时数数据查询

主要功能为查询所选作物、所选起止时间段内所选区域包括的所有站点的逐日可照时数数据，以及各代表站点的逐日可照时数数据，查询结果以 excel 或 txt 文件格式导出，以冬小麦为例，查询结果见图 4.21—4.22。

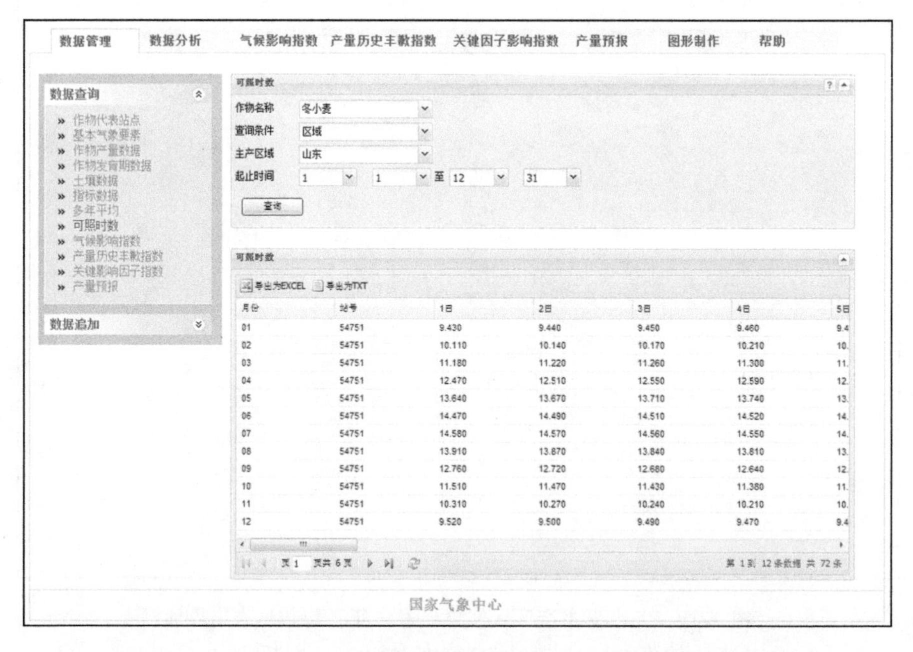

图 4.21　冬小麦主产区域内各代表站点可照时数数据查询界面

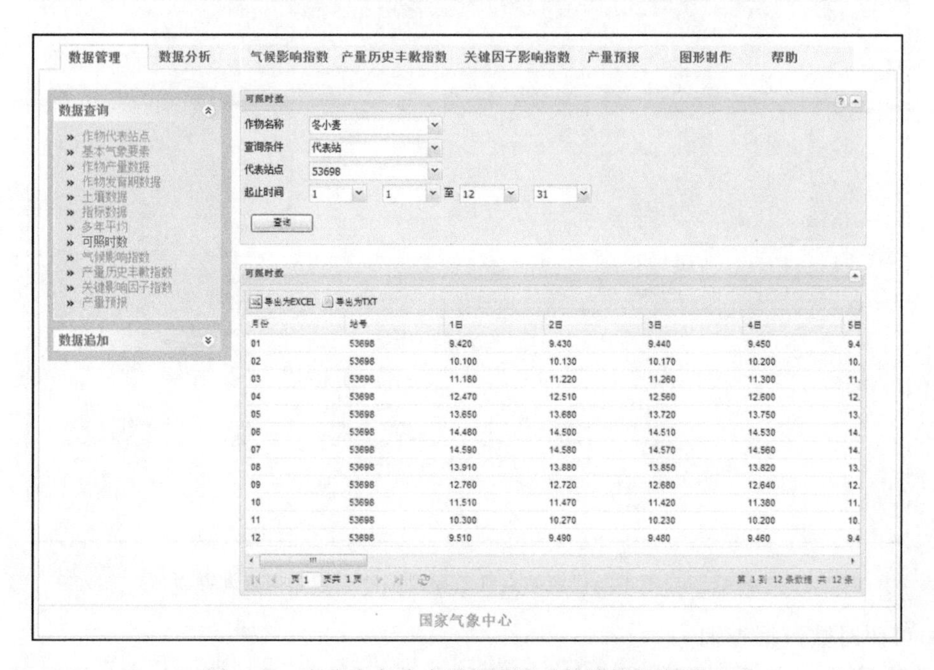

图 4.22　冬小麦各代表站点可照时数数据查询界面

(9)气候影响指数数据查询

主要功能为查询所选作物、所选区域的温度适宜度、降水适宜度、墒情适宜度、水分适宜度、日照适宜度、气候适宜度数据；还可以根据所选作物产量分离方法，查询不同旬气候适宜度对产量的贡献系数、气候适宜指数和气候影响指数数据，产量分离方法包括线性分离法、二次曲线分离法、滑动平均分离法、差值百分率分离法，查询结果均以 excel 和 txt 文件格式导出。以冬小麦为例，查询结果见图 4.23—4.31。

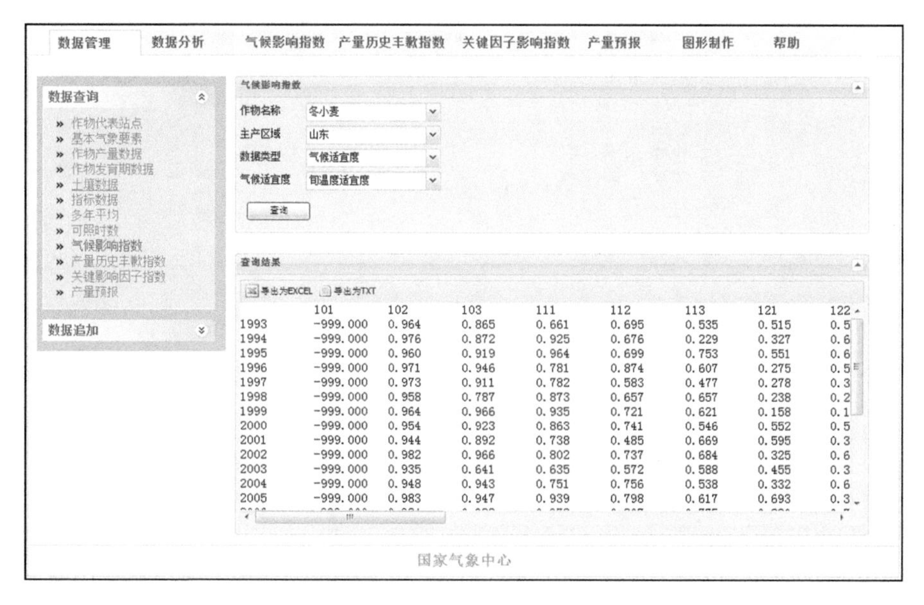

图 4.23　冬小麦温度适宜度数据查询界面

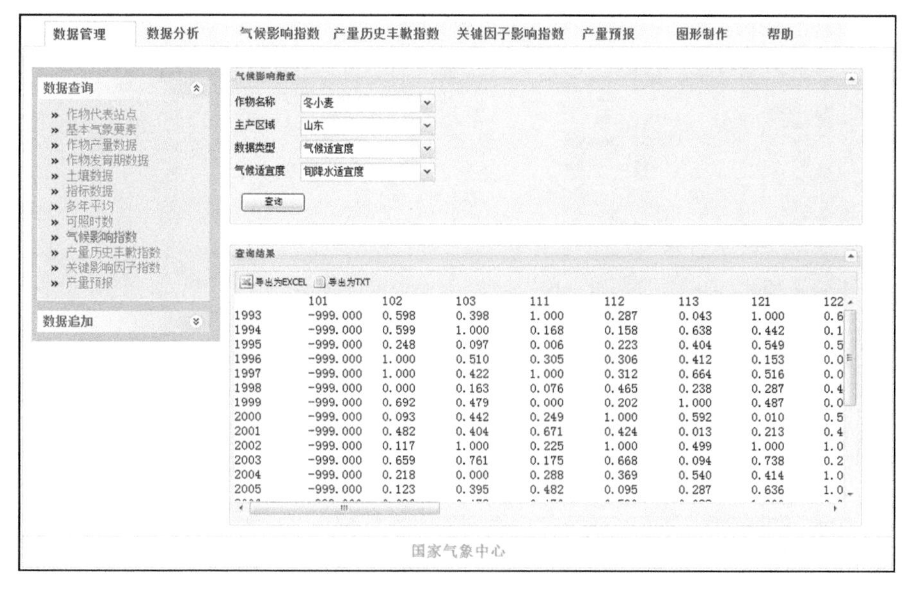

图 4.24　冬小麦降水适宜度数据查询界面

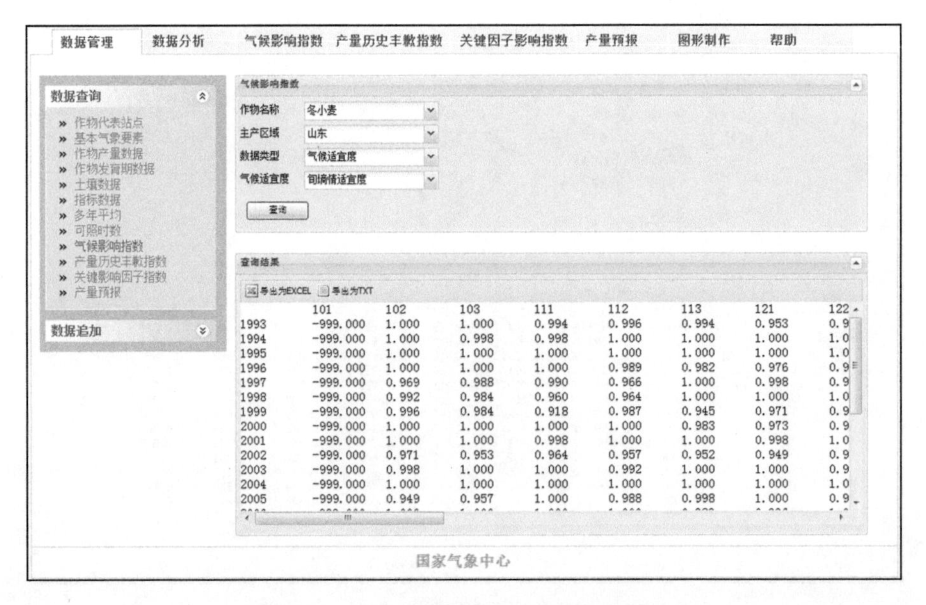

	101	102	103	111	112	113	121	122
1993	-999.000	1.000	1.000	0.994	0.996	0.994	0.953	0.9
1994	-999.000	1.000	0.998	0.998	1.000	1.000	1.000	1.0
1995	-999.000	1.000	1.000	1.000	1.000	1.000	1.000	1.0
1996	-999.000	1.000	1.000	1.000	0.989	0.982	0.976	0.9
1997	-999.000	0.969	0.988	0.990	0.966	1.000	0.998	0.9
1998	-999.000	0.992	0.984	0.960	0.964	1.000	1.000	1.0
1999	-999.000	0.996	0.984	0.918	0.987	0.945	0.971	0.9
2000	-999.000	1.000	1.000	1.000	1.000	0.983	0.973	0.9
2001	-999.000	1.000	1.000	0.998	1.000	1.000	0.998	1.0
2002	-999.000	0.971	0.953	0.964	0.957	0.952	0.949	0.9
2003	-999.000	0.998	1.000	1.000	0.992	1.000	1.000	0.9
2004	-999.000	1.000	1.000	1.000	1.000	1.000	1.000	1.0
2005	-999.000	0.949	0.957	1.000	0.988	0.998	1.000	0.9

图 4.25　冬小麦墒情适宜度数据查询界面

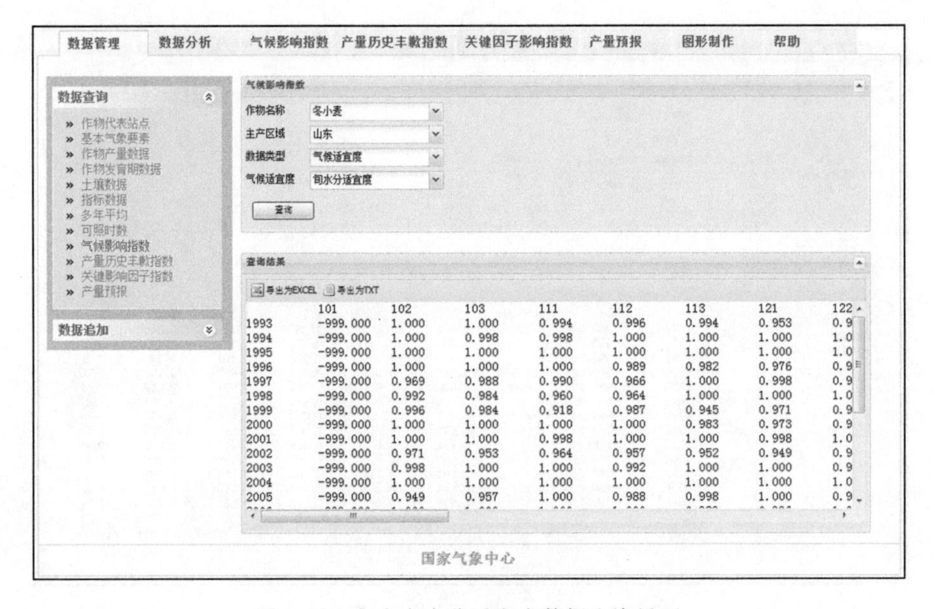

	101	102	103	111	112	113	121	122
1993	-999.000	1.000	1.000	0.994	0.996	0.994	0.953	0.9
1994	-999.000	1.000	0.998	0.998	1.000	1.000	1.000	1.0
1995	-999.000	1.000	1.000	1.000	1.000	1.000	1.000	1.0
1996	-999.000	1.000	1.000	1.000	0.989	0.982	0.976	0.9
1997	-999.000	0.969	0.988	0.990	0.966	1.000	0.998	0.9
1998	-999.000	0.992	0.984	0.960	0.964	1.000	1.000	1.0
1999	-999.000	0.996	0.984	0.918	0.987	0.945	0.971	0.9
2000	-999.000	1.000	1.000	1.000	1.000	0.983	0.973	0.9
2001	-999.000	1.000	1.000	0.998	1.000	1.000	0.998	1.0
2002	-999.000	0.971	0.953	0.964	0.957	0.952	0.949	0.9
2003	-999.000	0.998	1.000	1.000	0.992	1.000	1.000	0.9
2004	-999.000	1.000	1.000	1.000	1.000	1.000	1.000	1.0
2005	-999.000	0.949	0.957	1.000	0.988	0.998	1.000	0.9

图 4.26　冬小麦水分适宜度数据查询界面

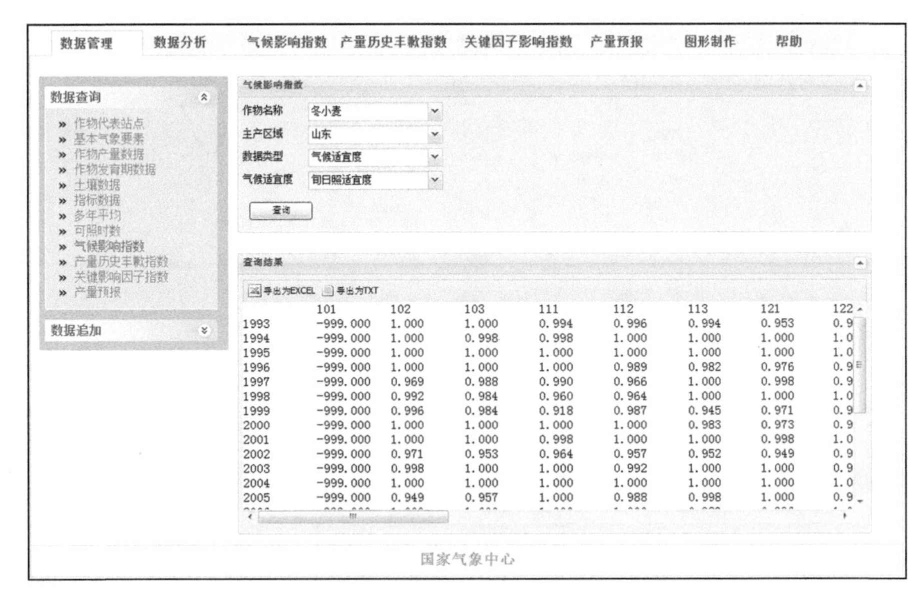

图 4.27　冬小麦日照适宜度数据查询界面

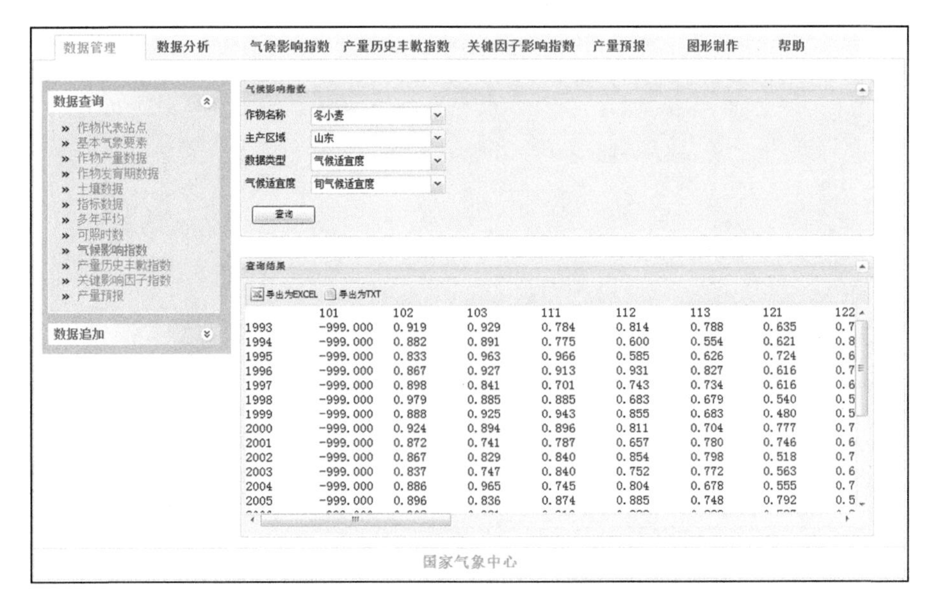

图 4.28　冬小麦气候适宜度数据查询界面

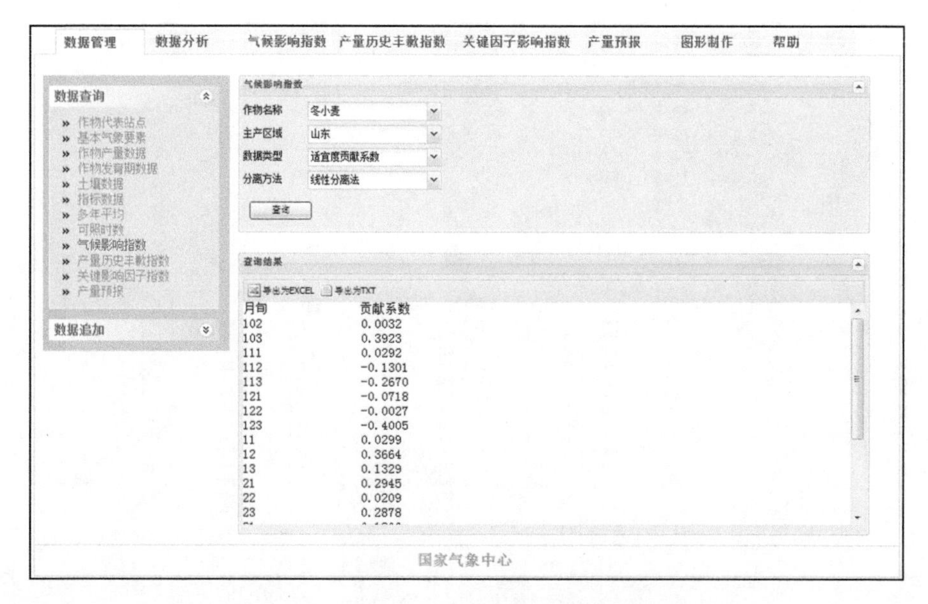

图 4.29　冬小麦适宜度贡献系数查询界面

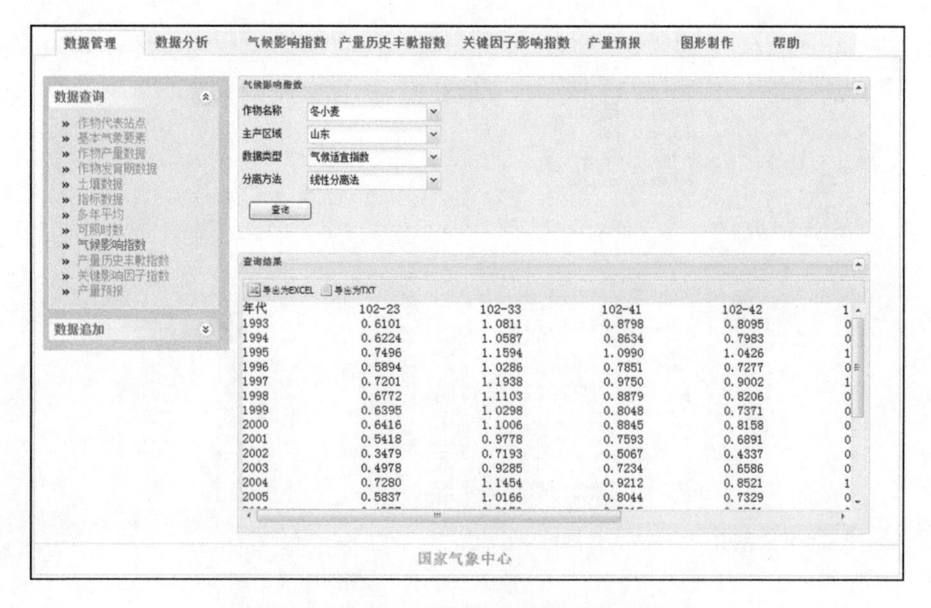

图 4.30　冬小麦气候适宜指数数据查询界面

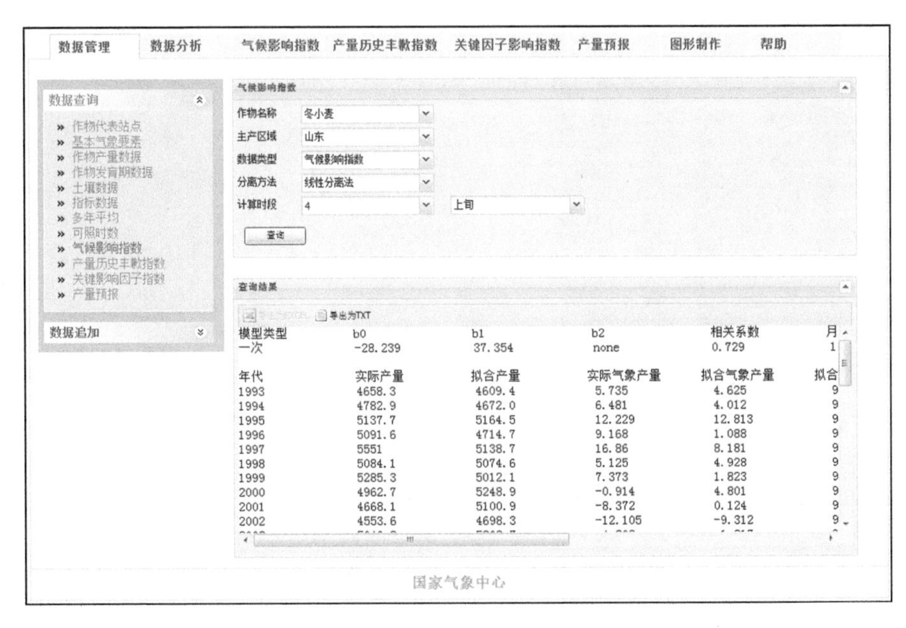

图 4.31　冬小麦气候影响指数数据查询界面

(10)产量历史丰歉指数数据查询

主要功能为查询所选作物、所选区域的综合气象条件数据，包括滚动积温、标准化降水量和累积日照时数数据，以及历史相似年型数据、产量历史丰歉指数数据，查询结果以 excel 和 txt 文件格式导出。以冬小麦为例，查询结果见图 4.32—4.36。

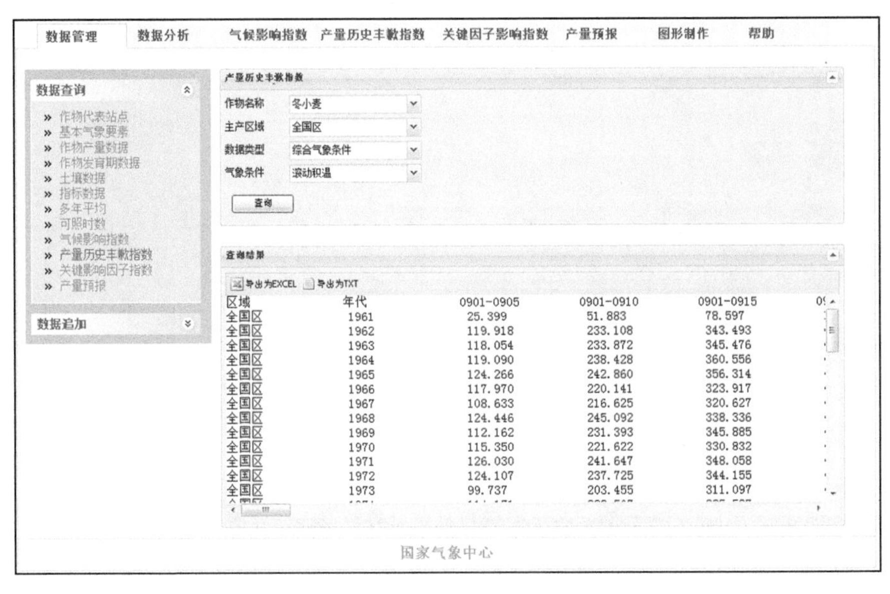

图 4.32　冬小麦滚动积温数据查询界面

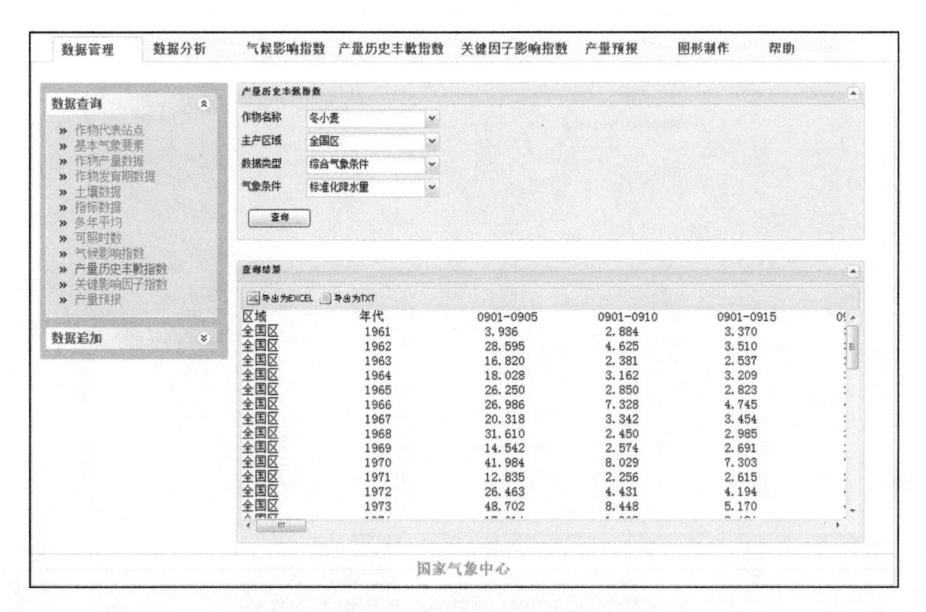

图 4.33　冬小麦标准化降水量数据查询界面

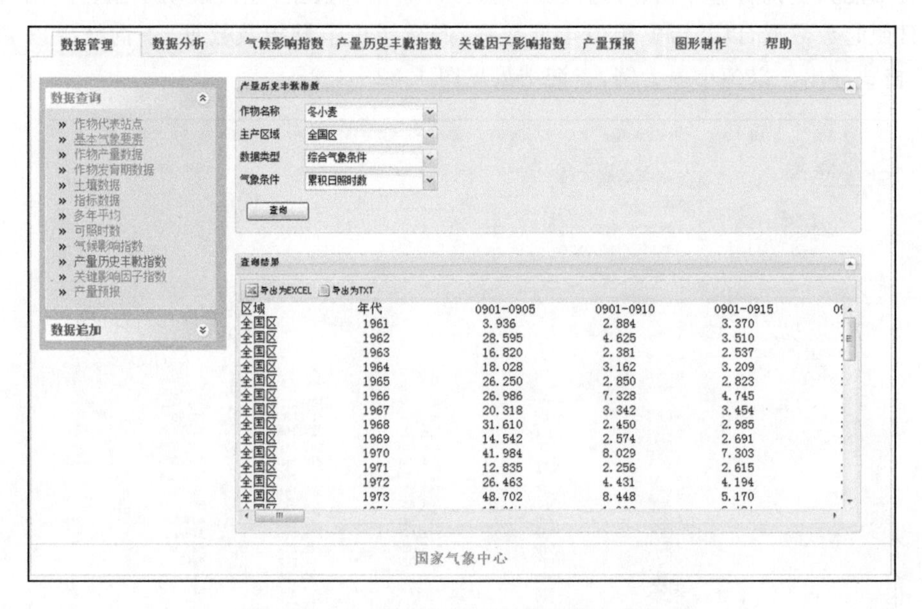

图 4.34　冬小麦累积日照时数数据查询界面

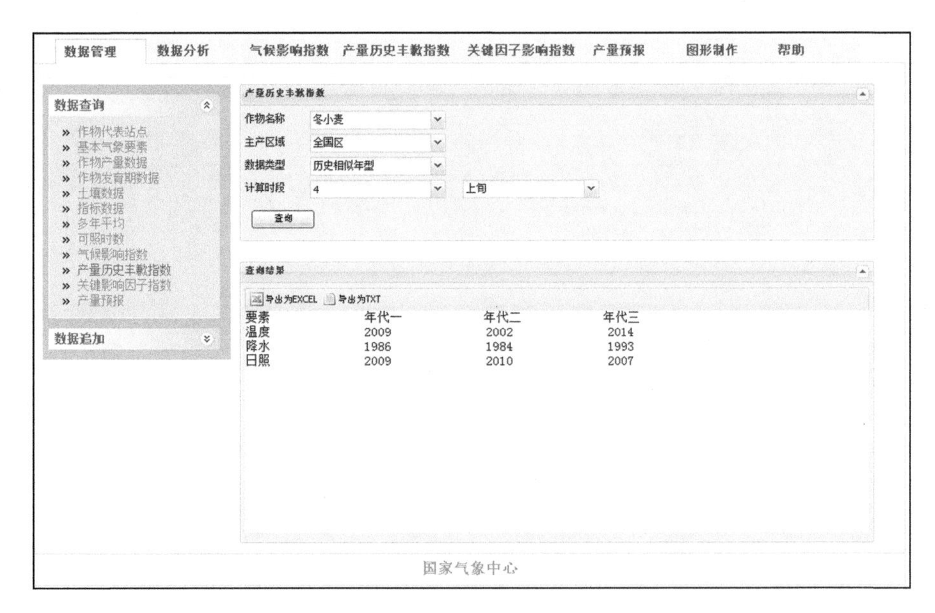

图 4.35　冬小麦历史相似年型数据查询界面

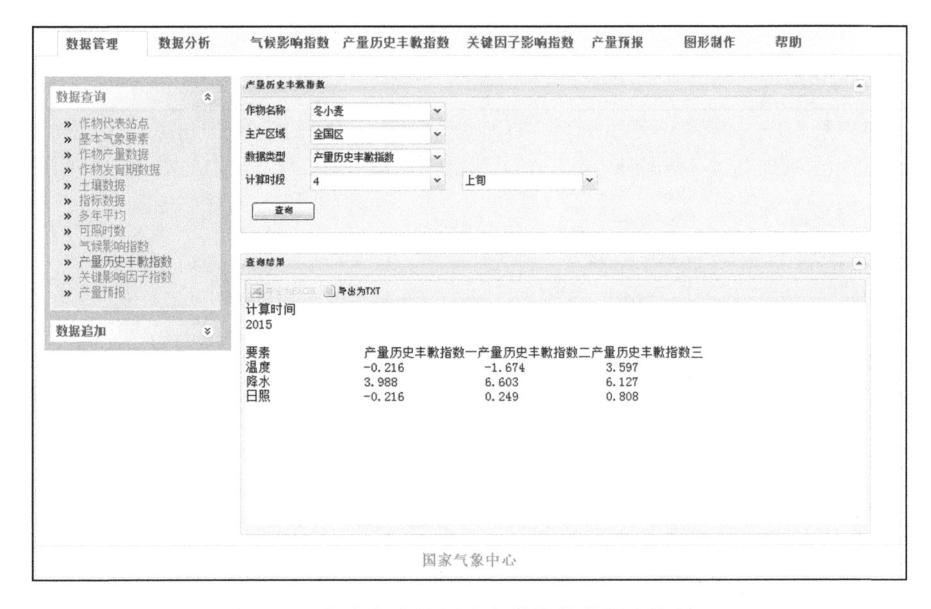

图 4.36　冬小麦产量历史丰歉指数数据查询界面

(11)关键影响因子指数数据查询

主要功能是查询所选作物、所选区域的旬气象要素数据，包括旬平均气温、旬降水量、旬日照时数数据，以及根据所选产量分离方法的关键影响因子数据、关键影响因子指数数据，查询结果均以 excel 和 txt 文件格式导出。以冬小麦为例，查询结果见图 4.37—4.41。

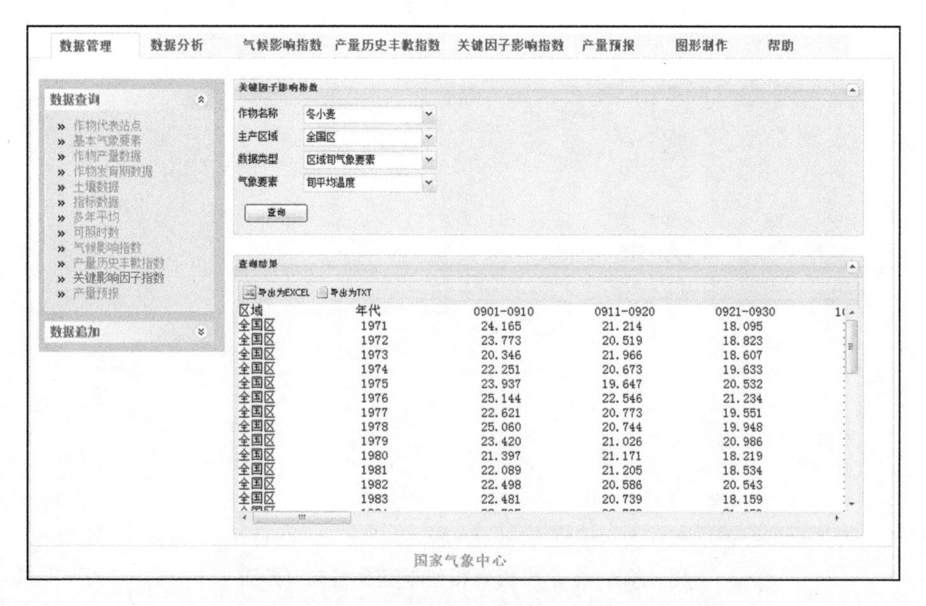

图 4.37　冬小麦区域旬平均气温数据查询界面

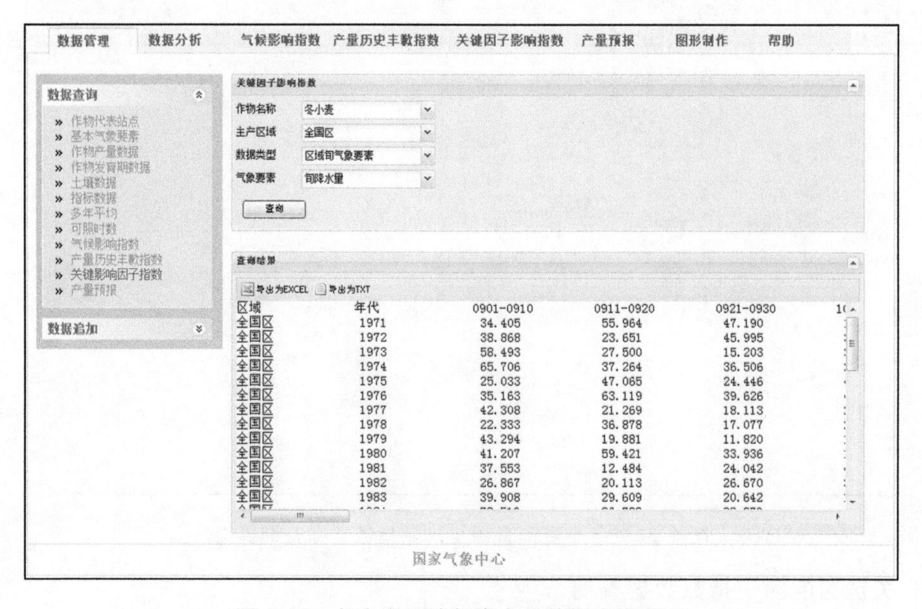

图 4.38　冬小麦区域旬降水量数据查询界面

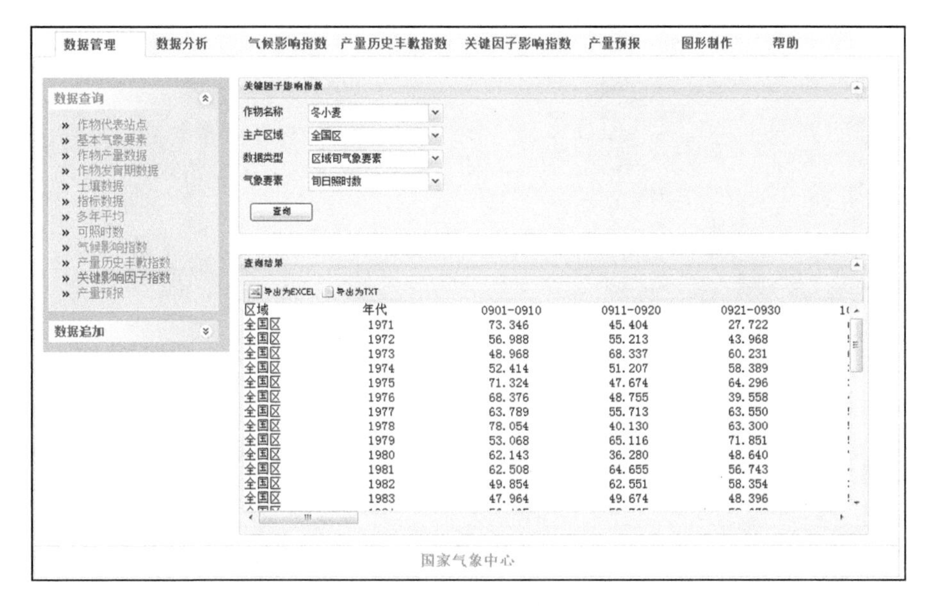

图 4.39 冬小麦区域旬日照时数数据查询界面

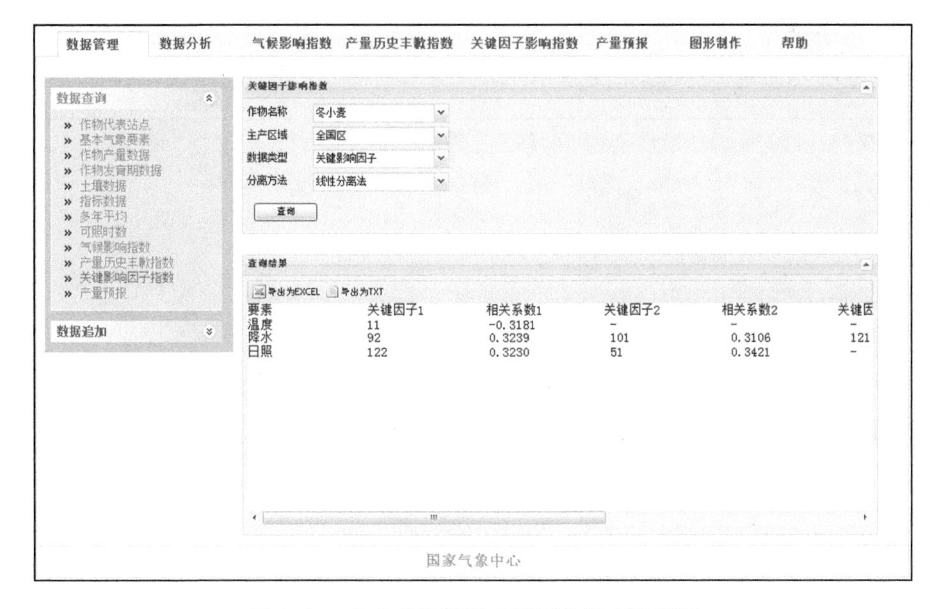

图 4.40 冬小麦关键影响因子数据查询界面

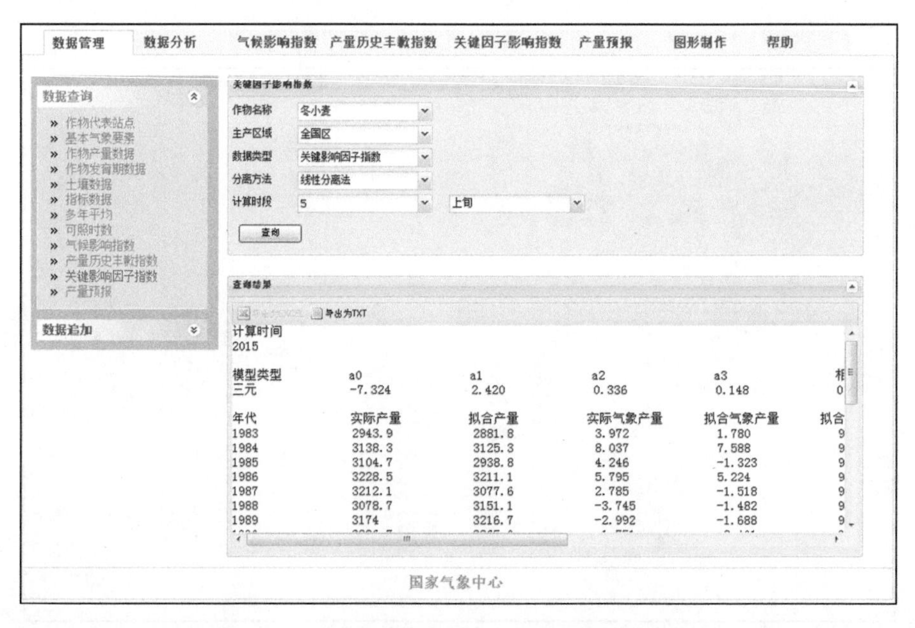

图 4.41　冬小麦关键影响因子指数数据查询界面

(12)产量预报数据查询

主要功能是查询所选作物、所选区域的作物产量预报结果数据,包括历史丰歉影响指数模型、关键气象因子模型、气候影响指数模型和综合集成预报模型的预报结果,查询结果以 txt 格式导出,以冬小麦为例,查询结果见图 4.42—4.45。

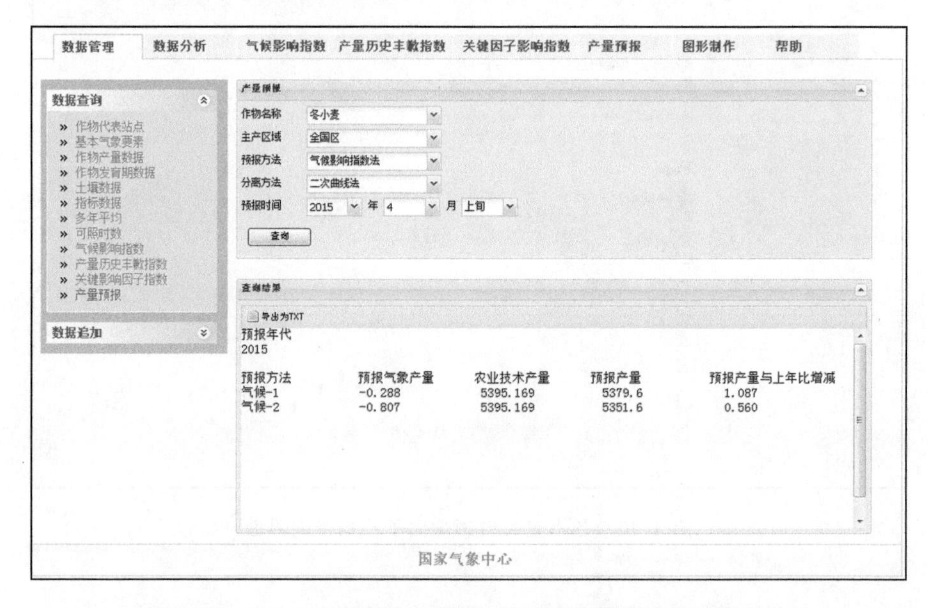

图 4.42　冬小麦气候影响指数模型产量预报结果数据查询界面

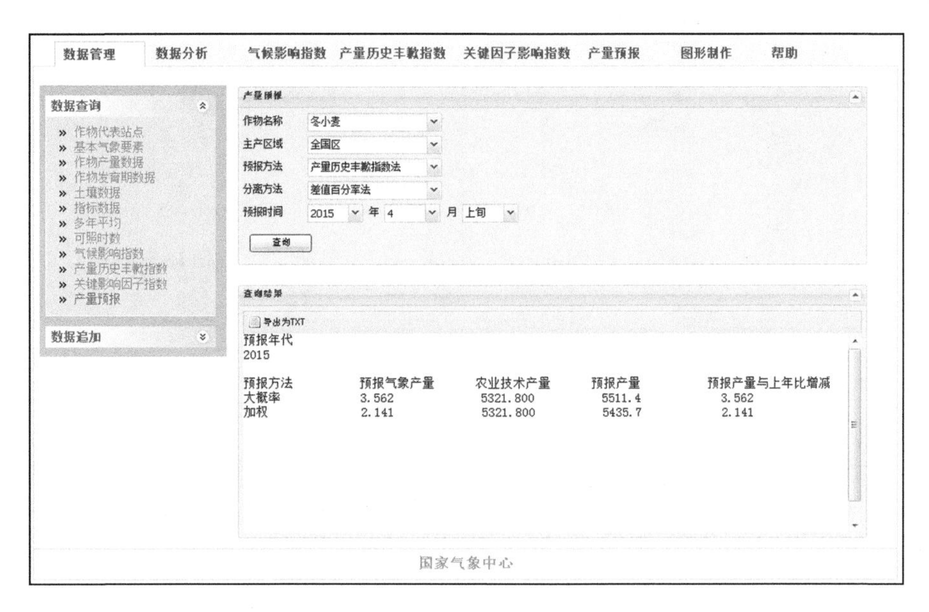

图 4.43　冬小麦历史丰歉影响指数模型产量预报结果数据查询界面

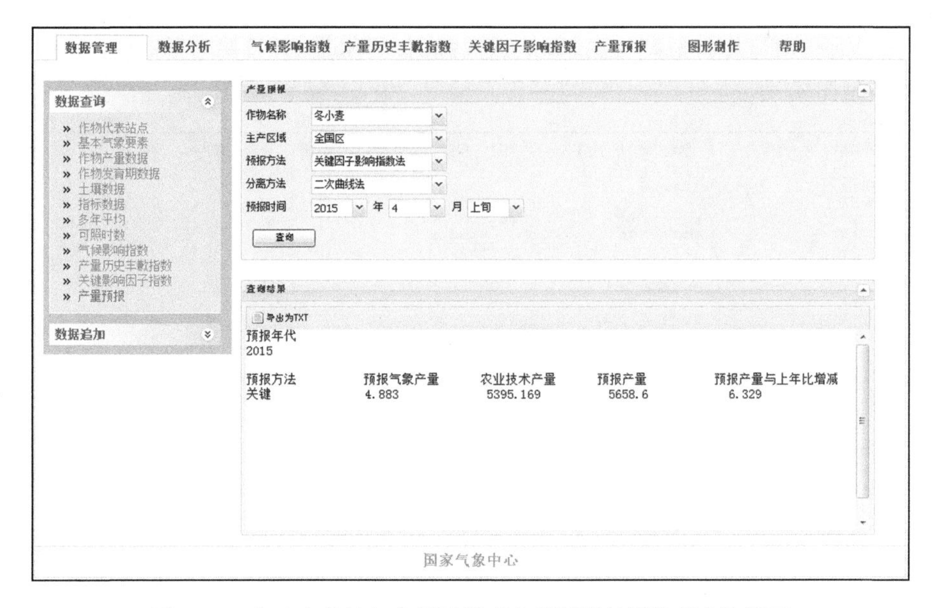

图 4.44　冬小麦关键气象因子模型产量预报结果数据查询界面

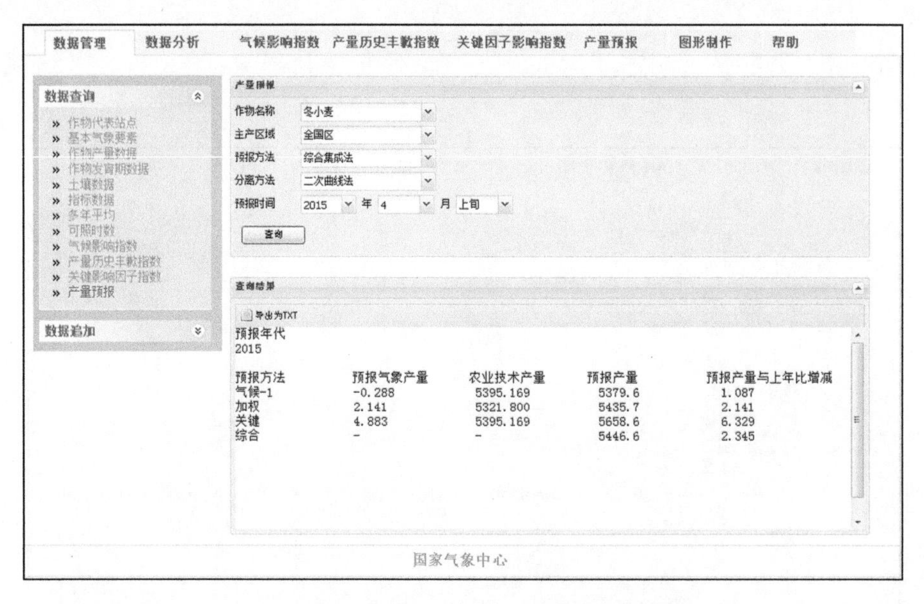

图 4.45　冬小麦综合集成预报模型产量预报结果数据查询界面

4.2.1.2　数据追加

数据追加是按照一定的格式将数据从系统外部追加至系统数据库中，主要包括气象资料自动追加和产量资料手动追加。

(1)自动追加

主要功能为自动追加日最高气温、日最低气温、日降水量、日日照时数、旬土壤相对湿度及发育期数据，见图 4.46。

图 4.46　气象要素自动追加界面

(2)手动追加

主要功能为手动追加作物平均单产、种植面积和总产量数据,见图 4.47。

图 4.47　作物产量资料手动追加界面

4.2.2　数据分析模块

数据分析模块是针对数据库中的数据或系统生成的数据以及外部数据,采用统计方法,分析计算气象数据多年平均值、可照时数、气象数据累计值、气象数据对比值、气象数据界限天数、发育期平均值、区域产量资料、产量数据分离、相关系数、土壤墒情数据等。

4.2.2.1　气象数据多年平均值分析

主要功能为利用逐日最高气温、最低气温、降水量和日照时数数据计算气象要素的多年平均值。

(1)站点气象要素多年平均值计算

主要功能是计算所选作物、所选代表站点、所选起止时间段内逐日平均气温、降水量、日照时数多年平均数据,计算结果以 excel 或 txt 文件格式导出,以冬小麦为例,计算结果见图 4.48。

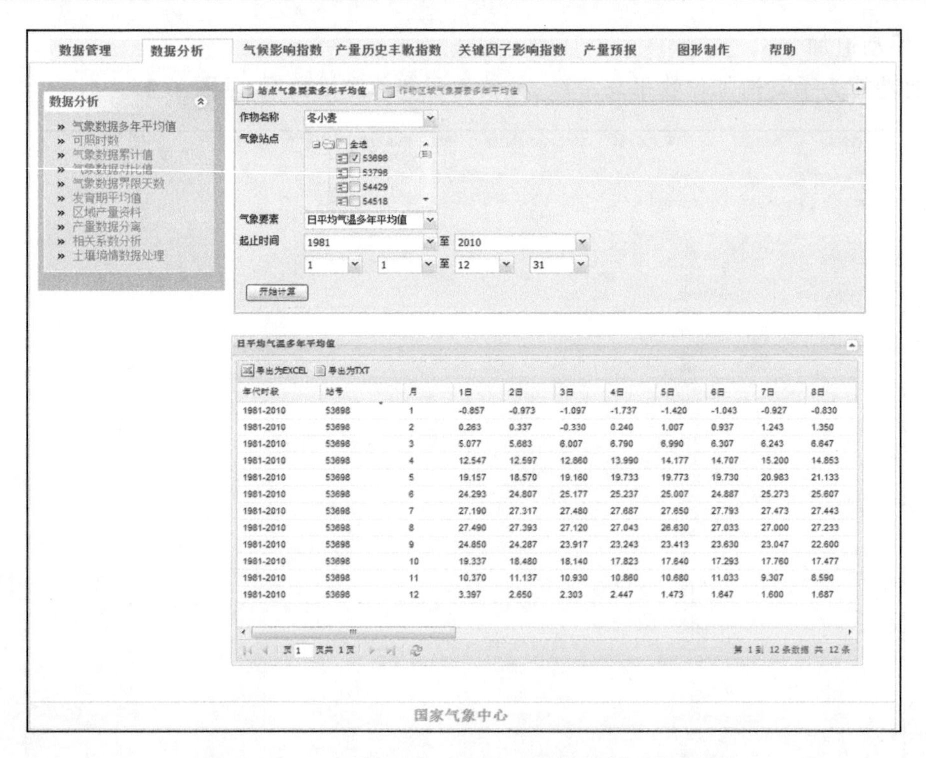

图 4.48　冬小麦站点气象要素多年平均值计算界面

(2)区域气象要素多年平均值计算

主要功能是计算所选作物、所选区域、所选有效时段内逐旬平均气温、降水量、日照时数多年平均数据，计算结果保存于数据库中，以 excel 或 txt 文件格式导出，以冬小麦为例，计算结果见图 4.49。

图 4.49　冬小麦区域气象要素多年平均值计算界面

4.2.2.2　可照时数计算

主要功能为利用逐日日照时数数据，计算所选作物包括的所有代表站点在所选起止时间段内的逐日可照时数，计算结果保存于数据库中，见图 4.50。

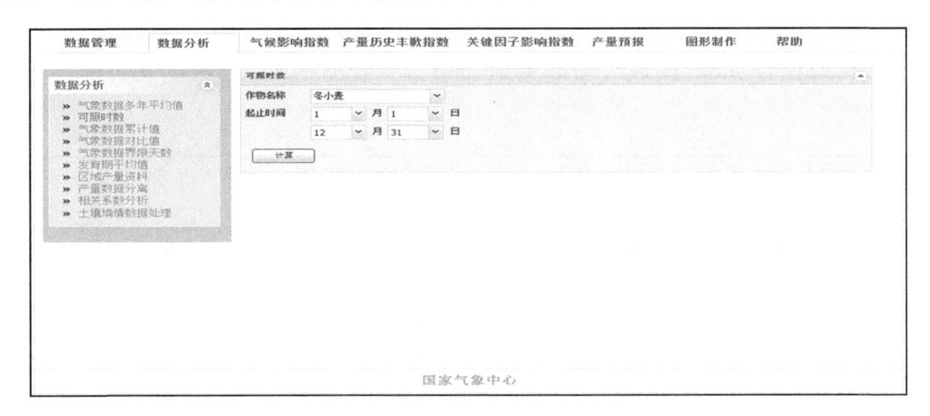

图 4.50　冬小麦可照时数计算界面

4.2.2.3　气象数据累计值计算

主要功能为利用逐日最高气温、最低气温、降水量和日照时数数据，计算所选作物、所选区域、所选起止时间段内大于或小于某界限值的积温、累计降水量和累计日照时数等数据，计算结果保存于本地数据文件中，包括区域中各站点相应气象要素的累计值及区域平均气象要素累计值，以冬小麦为例，计算结果见图 4.51。

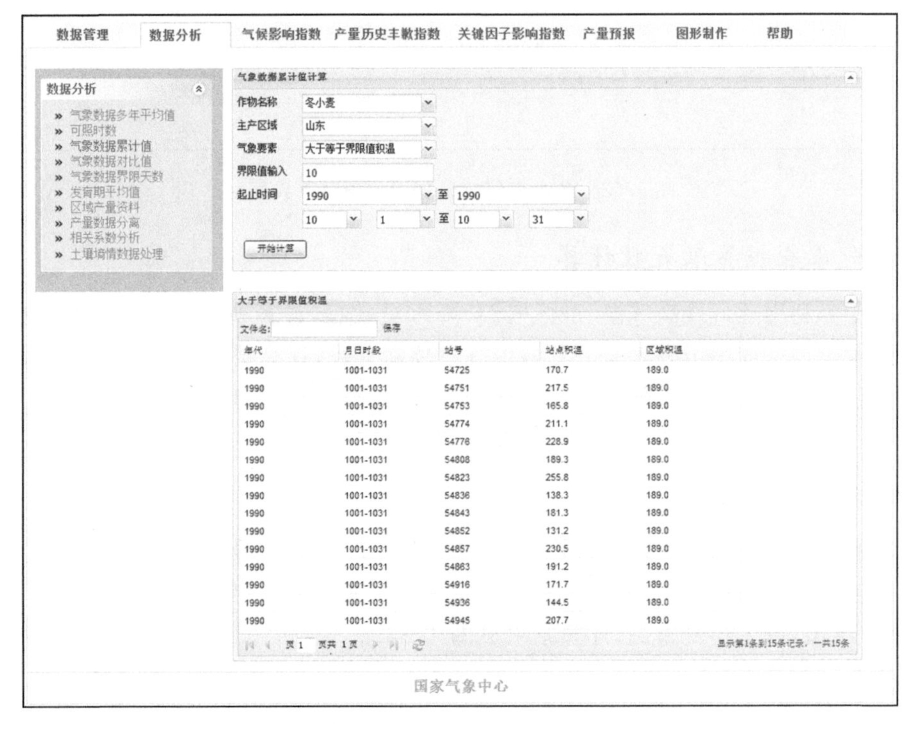

年代	月日时段	站号	站点积温	区域积温
1990	1001-1031	54725	170.7	189.0
1990	1001-1031	54751	217.5	189.0
1990	1001-1031	54753	165.8	189.0
1990	1001-1031	54774	211.1	189.0
1990	1001-1031	54776	228.9	189.0
1990	1001-1031	54808	189.3	189.0
1990	1001-1031	54823	255.8	189.0
1990	1001-1031	54836	138.3	189.0
1990	1001-1031	54843	181.3	189.0
1990	1001-1031	54852	131.2	189.0
1990	1001-1031	54857	230.5	189.0
1990	1001-1031	54863	191.2	189.0
1990	1001-1031	54916	171.7	189.0
1990	1001-1031	54936	144.5	189.0
1990	1001-1031	54945	207.7	189.0

图 4.51　冬小麦气象数据累计值计算界面

4.2.2.4 气象数据对比值计算

主要功能为利用逐日最高气温、最低气温、降水量和日照时数数据，计算目标年与对比年所选作物、所选区域、所选起止时间段内大于或小于某界限值的积温、累计降水量和累计日照时数等气象要素的差值及差值百分率，计算结果存于本地数据文件中，包括区域中各站点气象要素的对比值、对比百分率、区域气象要素对比值及对比百分率，以冬小麦为例，计算结果见图 4.52。

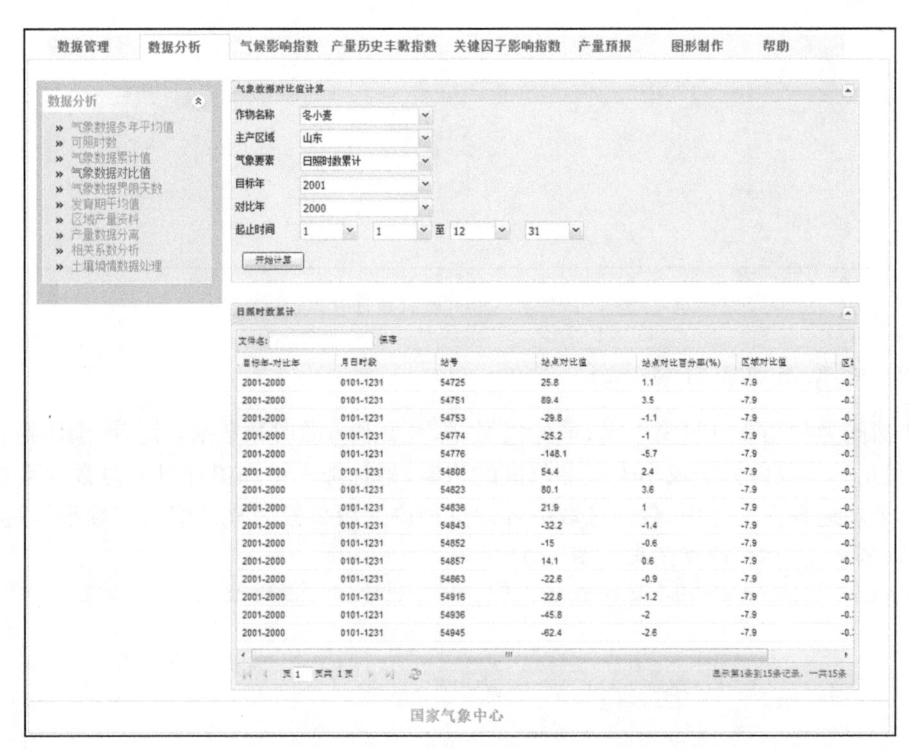

图 4.52 冬小麦气象数据对比值计算界面

4.2.2.5 气象数据界限天数计算

主要功能为利用逐日最高气温、最低气温、降水量数据，计算所选作物、所选区域、所选起止时间段内大于等于或小于等于某一界限值气象要素天数，计算结果保存于本地数据文件中，包括区域中各站点气象要素界限天数和区域平均气象要素界限天数，以冬小麦为例，计算结果见图 4.53。

4.2.2.6 发育期平均值计算

主要功能为利用作物发育期资料，计算所选作物、所选区域、所选起止时间段内区域及区域内包括的各个代表站点、各个发育期的平均日期，计算结果保存于数据库中，可以 excel 或 txt 文件格式导出，以冬小麦为例，计算结果见图 4.54。

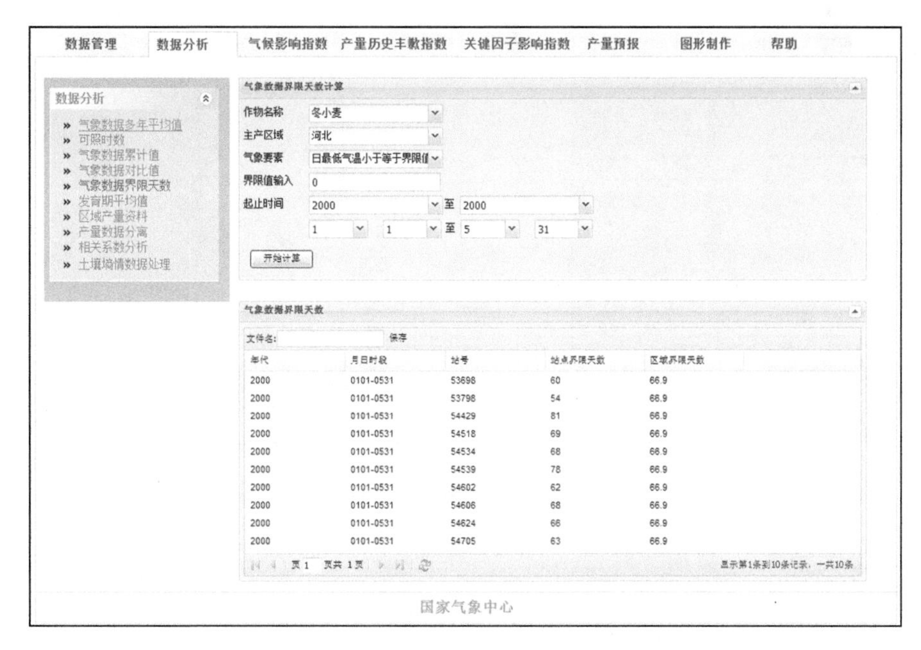

图4.53　冬小麦气象数据界限天数计算界面

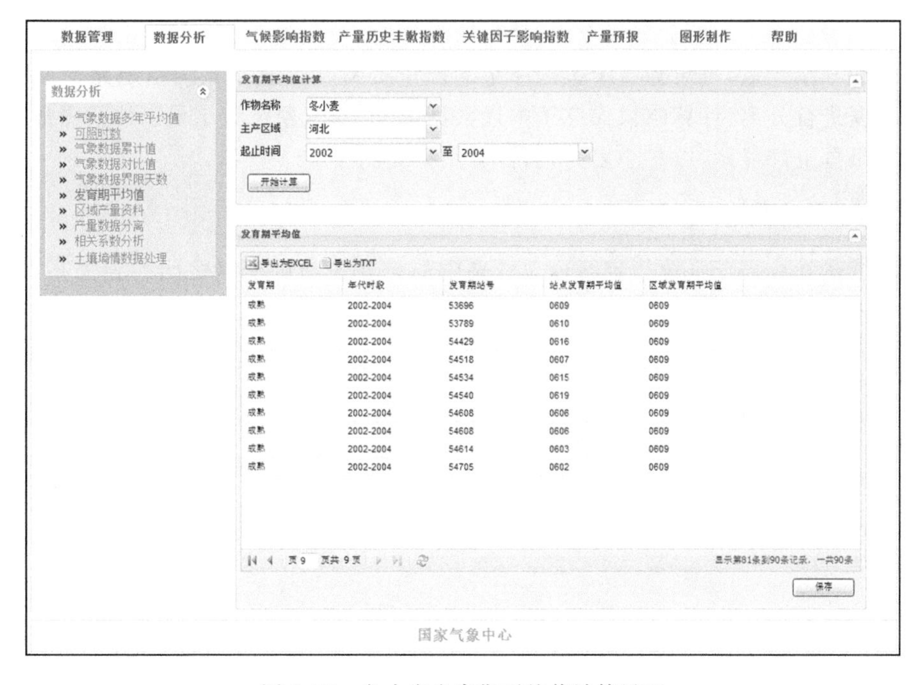

图4.54　冬小麦发育期平均值计算界面

4.2.2.7　区域产量资料计算

主要功能为利用作物各主产省份产量资料，计算所选起止时间段内，由主产省份组成的各个主产区域逐年总产量、种植面积、平均单产数据，计算结果保存于数据库中，可以 excel 或 txt 文件格式导出，以冬小麦为例，计算结果见图4.55。

图 4.55　冬小麦区域产量资料计算界面

4.2.2.8　产量数据分离

主要功能为利用不同产量分离方法，计算所选作物、所选区域、所选起止时段内的作物农业技术产量和气象产量，可对存放于数据库中的产量资料和存放于系统指定路径文件夹中的外部产量数据进行分离，计算结果保存于本地数据文件中，气象产量结果以柱状图形式在产量分离计算结果框下部显示，以冬小麦为例，计算结果见图 4.56。

4.2.2.9　相关系数分析

主要功能是计算存于系统指定路径文件夹中的自变量与因变量之间的相关系数，计算结果保存于本地数据文件中，见图 4.57。

4.2.2.10　土壤墒情数据处理

主要功能为利用旱地作物土壤相对湿度资料，计算所选起止时间段内各作物土壤墒情数据，计算结果保存于数据库中，以冬小麦为例，计算结果见图 4.58。

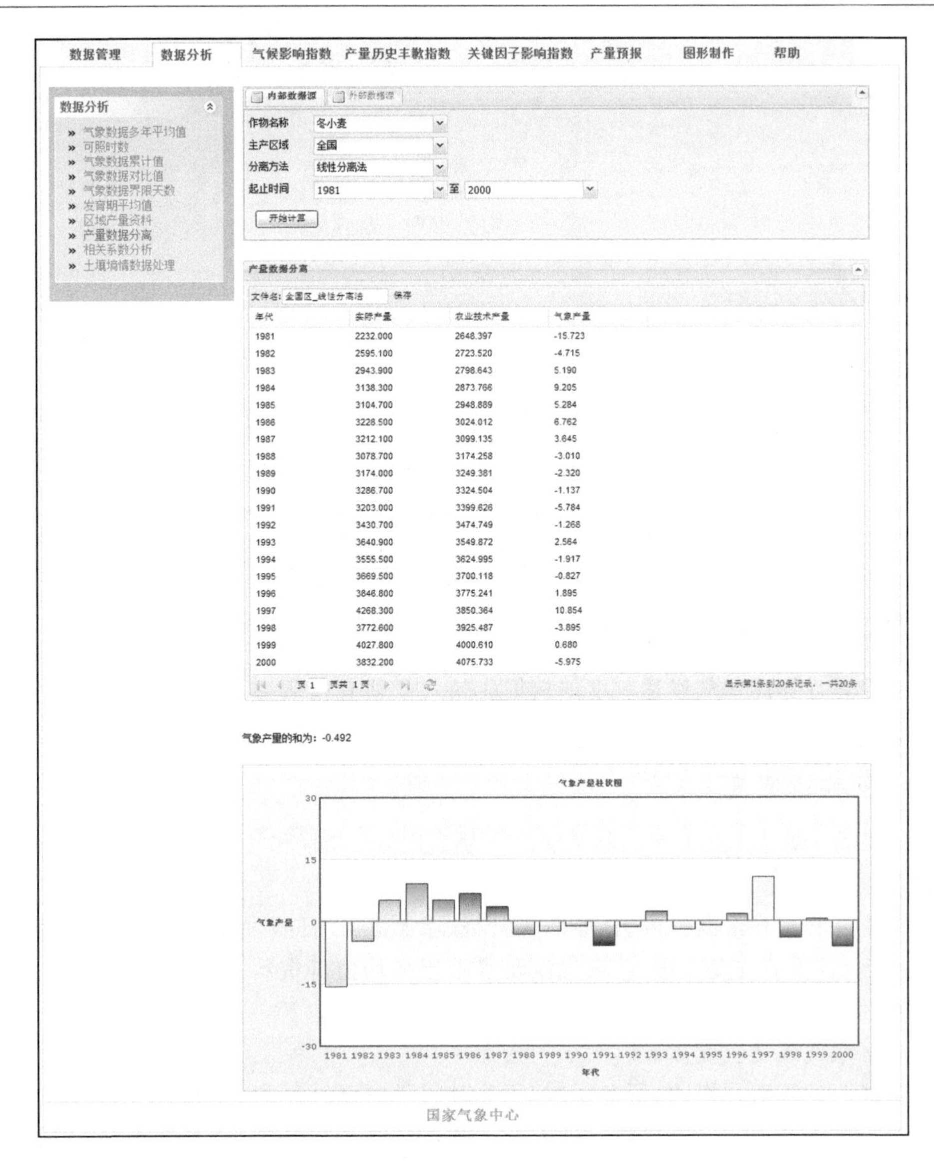

年代	实际产量	农业技术产量	气象产量
1981	2232.000	2648.397	-15.723
1982	2595.100	2723.520	-4.715
1983	2943.900	2798.643	5.190
1984	3138.300	2873.766	9.205
1985	3104.700	2948.889	5.284
1986	3228.500	3024.012	6.762
1987	3212.100	3099.135	3.645
1988	3078.700	3174.258	-3.010
1989	3174.000	3249.381	-2.320
1990	3286.700	3324.504	-1.137
1991	3203.000	3399.626	-5.784
1992	3430.700	3474.749	-1.268
1993	3640.900	3549.872	2.564
1994	3555.500	3624.995	-1.917
1995	3669.500	3700.118	-0.827
1996	3846.800	3775.241	1.895
1997	4268.300	3850.364	10.854
1998	3772.600	3925.487	-3.895
1999	4027.800	4000.610	0.680
2000	3832.200	4075.733	-5.975

图 4.56　冬小麦产量数据分离计算界面

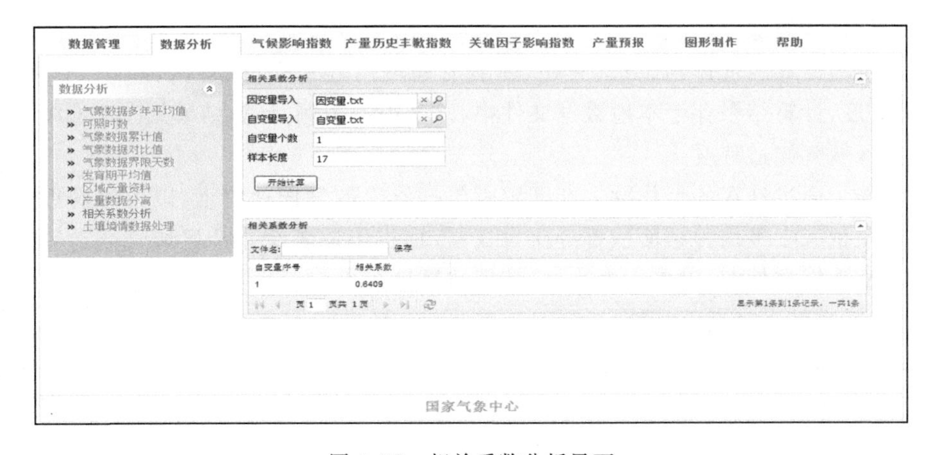

自变量序号	相关系数
1	0.6409

图 4.57　相关系数分析界面

图 4.58 土壤墒情处理界面

4.2.3 气候影响指数模块

主要功能是计算逐旬气候适宜度加权集成的气候适宜指数对产量丰歉的影响，包括气候适宜度、气候适宜指数和气候影响指数三部分。

4.2.3.1 气候适宜度

包括气候适宜度、气候适宜度贡献系数、气候适宜度分级指标和气候适宜度等级划分四部分。

(1)气候适宜度

主要功能是利用日最高气温、日最低气温、日降水量、日日照时数、旬土壤墒情、温度指标、土壤墒情指标、日照适宜度常数、区域气象要素多年平均值等资料，计算所选作物、所选区域、所选起止时间条件下，作物生长阶段内逐旬气候适宜度。

①主产区域气候适宜度

主要功能为计算所选作物、所选区域、所选时间段内区域所包括的各主产省份逐旬温度、日照、降水、土壤墒情、水分、气候适宜度以及区域逐旬气候适宜度，计算结果存于本地数据文件中，以冬小麦为例，计算结果见图 4.59。

②主产省份气候适宜度

主要功能为计算所选作物、所选省份、所选时间段内逐旬温度、日照、降水、土壤墒情、水分、气候适宜度，计算结果存于本地数据文件中，以冬小麦为例，计算结果见图 4.60。

③集成区域气候适宜度

主要功能为通过计算各个作物主产区域所包括省份的气候适宜度，以各省份近五年作物种植面积占区域五年平均种植面积百分比为权重，加权集成各个主产区域气候适宜度。计算结果存于本地数据文件中，以冬小麦为例，计算结果见图 4.61。

(2)气候适宜度贡献系数计算

主要功能是利用气候适宜度数据和作物气象产量资料，计算所选作物、所选区域、所选产量分离方法、所选起止时间段内逐旬气候适宜度对作物产量的贡献系数，计算结果存于本地数据文件中，以冬小麦为例，计算结果见图 4.62。

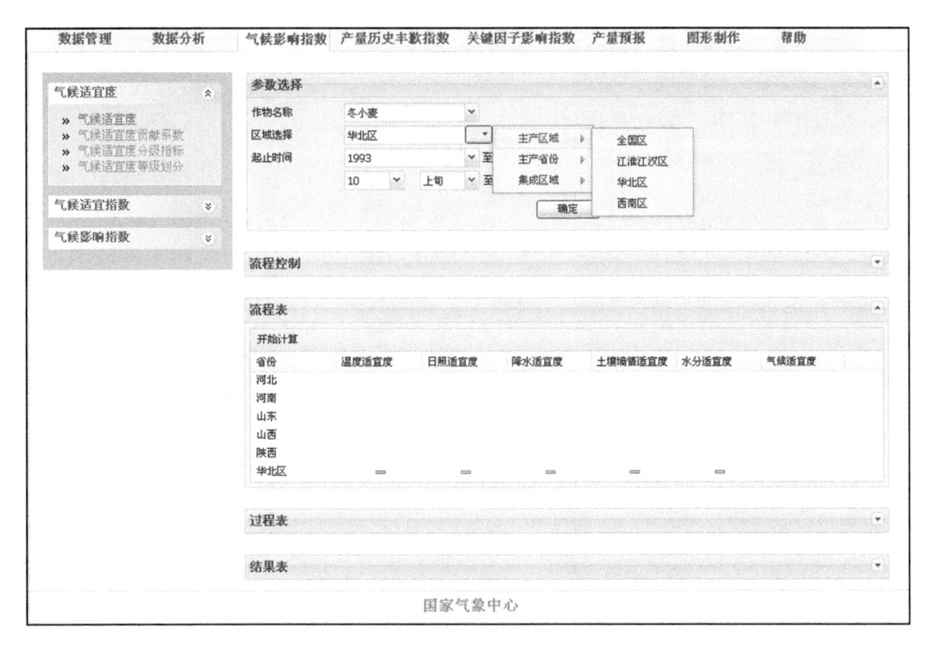

图 4.59　冬小麦主产区域气候适宜度计算界面

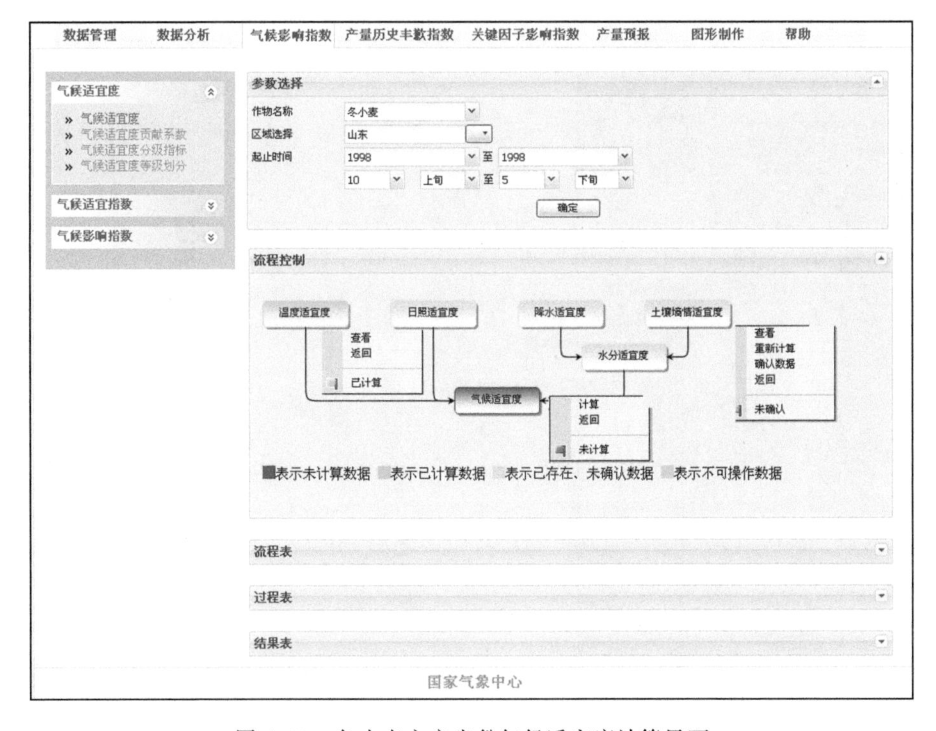

图 4.60　冬小麦主产省份气候适宜度计算界面

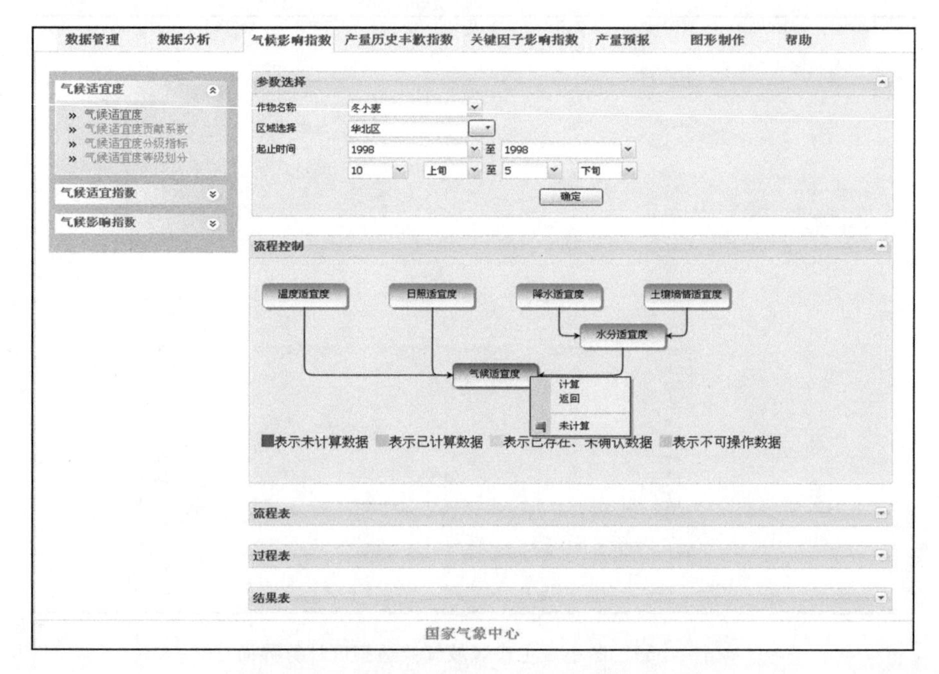

图 4.61　冬小麦集成区域气候适宜度计算界面

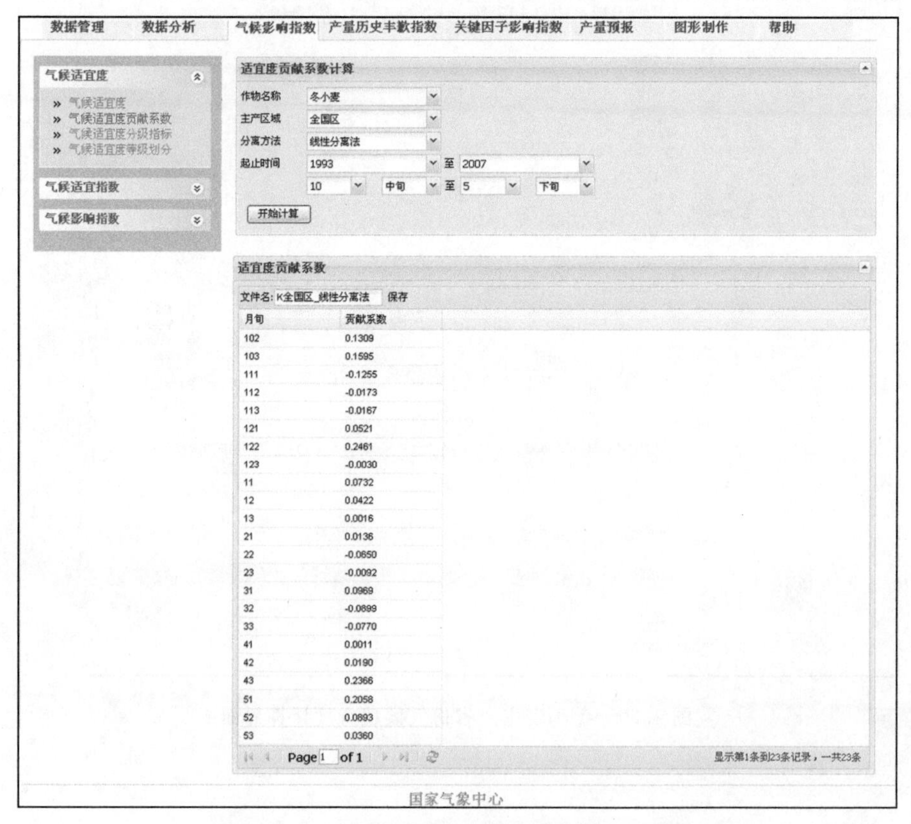

图 4.62　冬小麦气候适宜度贡献系数计算界面

(3)气候适宜度分级指标

主要功能是利用计算完成的各作物气候适宜度数据，计算所选作物、所选区域、所选起止时间段内逐旬气候适宜度的分级指标，计算结果存于本地数据文件中，以冬小麦为例，计算结果见图 4.63。

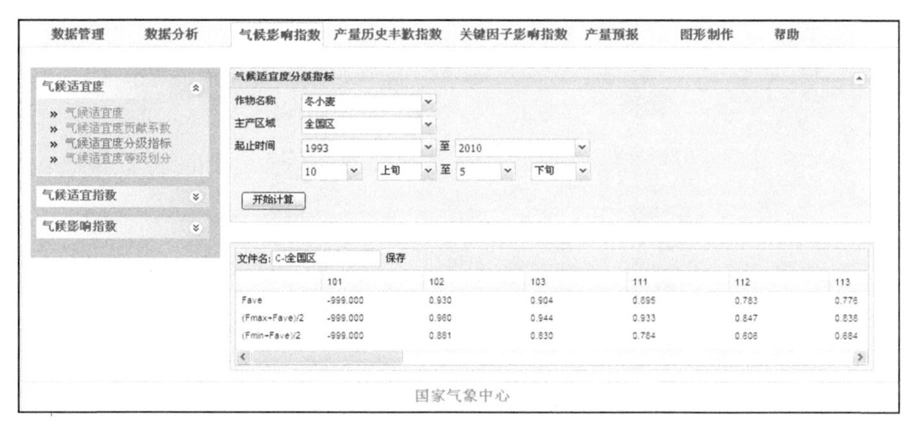

图 4.63　冬小麦气候适宜度分级指标计算界面

(4)气候适宜度等级划分

主要功能是根据气候适宜度分级指标，对所选作物、所选区域、所选起止时间段内逐旬气候适宜度进行等级划分，计算结果存于本地数据文件中，以冬小麦为例，计算结果见图 4.64。

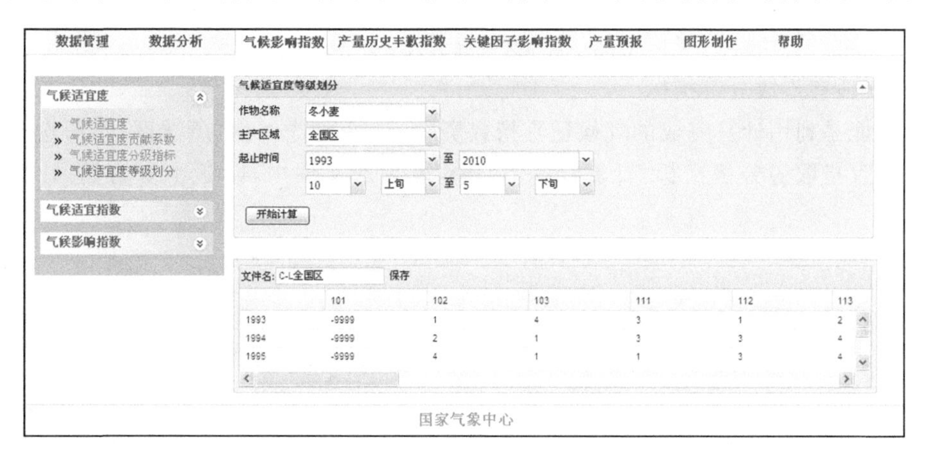

图 4.64　冬小麦气候适宜度等级划分计算界面

4.2.3.2　气候适宜指数

包括气候适宜指数、气候适宜指数分级指标和气候适宜指数等级划分三部分。

(1)气候适宜指数

主要功能是利用计算完成的气候适宜度和气候适宜度贡献系数数据，计算所选作物、所选区域、所选产量分离方法、所选起止时间段内的气候适宜指数，计算结果存于本地数据文件中，见图 4.65。

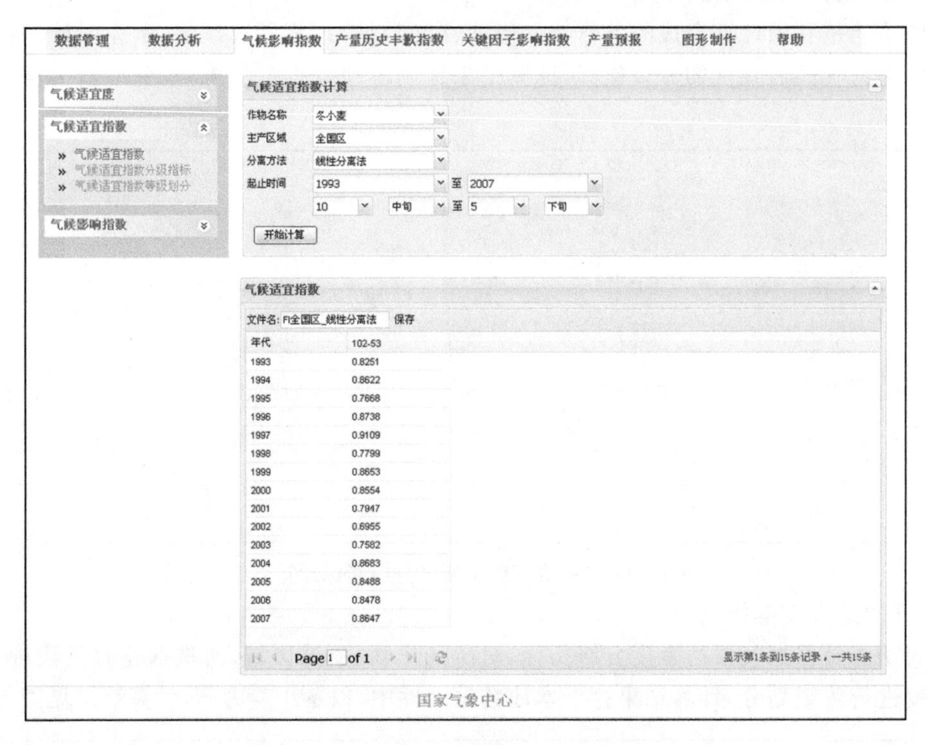

图 4.65　冬小麦气候适宜指数计算界面

(2)气候适宜指数分级指标

主要功能是利用计算完成的气候适宜指数资料，计算所选作物、所选区域、所选起止时间段内气候适宜指数的分级指标，计算结果存于本地数据文件中，以冬小麦为例，计算结果见图 4.66。

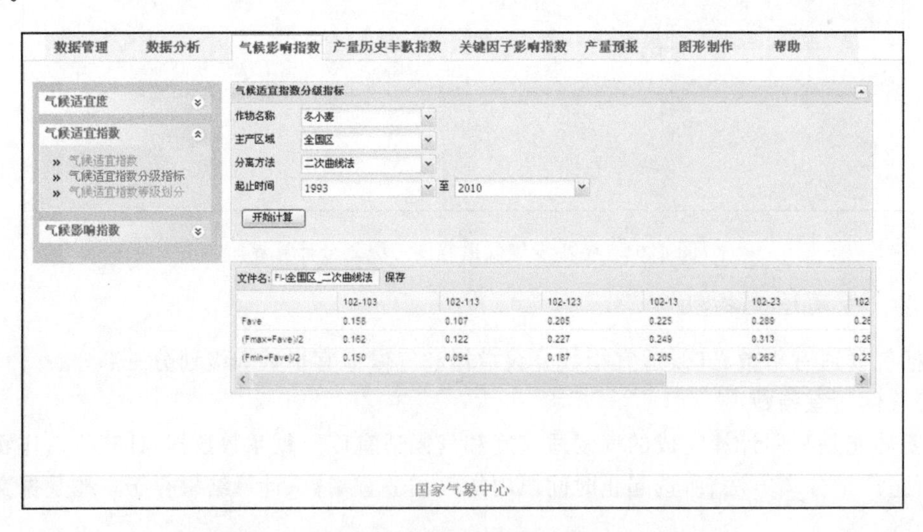

图 4.66　冬小麦气候适宜指数分级指标计算界面

(3)气候适宜指数等级划分

主要功能是根据作物气候适宜指数分级指标，对所选作物、所选区域、所选起止时间段内气候适宜指数进行等级划分，计算结果存于本地数据文件中，以冬小麦为例，计算结果见图 4.67。

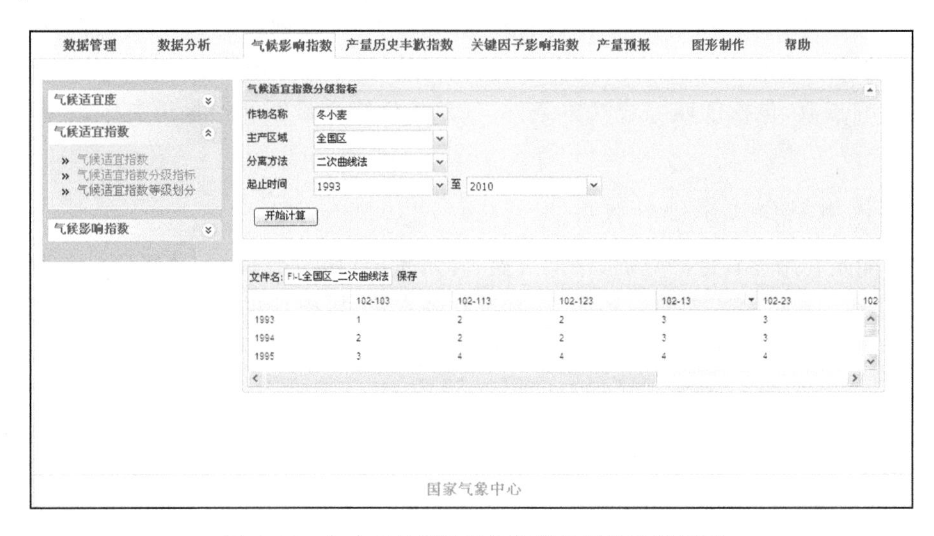

	102-103	102-113	102-123	102-13	102-23
1993	1	2	2	3	3
1994	2	2	2	3	3
1995	3	4	4	4	4

图 4.67　冬小麦气候适宜指数等级划分计算界面

4.2.3.3　气候影响指数计算

主要功能是利用气象产量数据和气候适宜指数数据计算气候适宜指数对作物产量丰歉的影响，计算结果存于本地数据文件中，以冬小麦为例，计算结果见图 4.68。

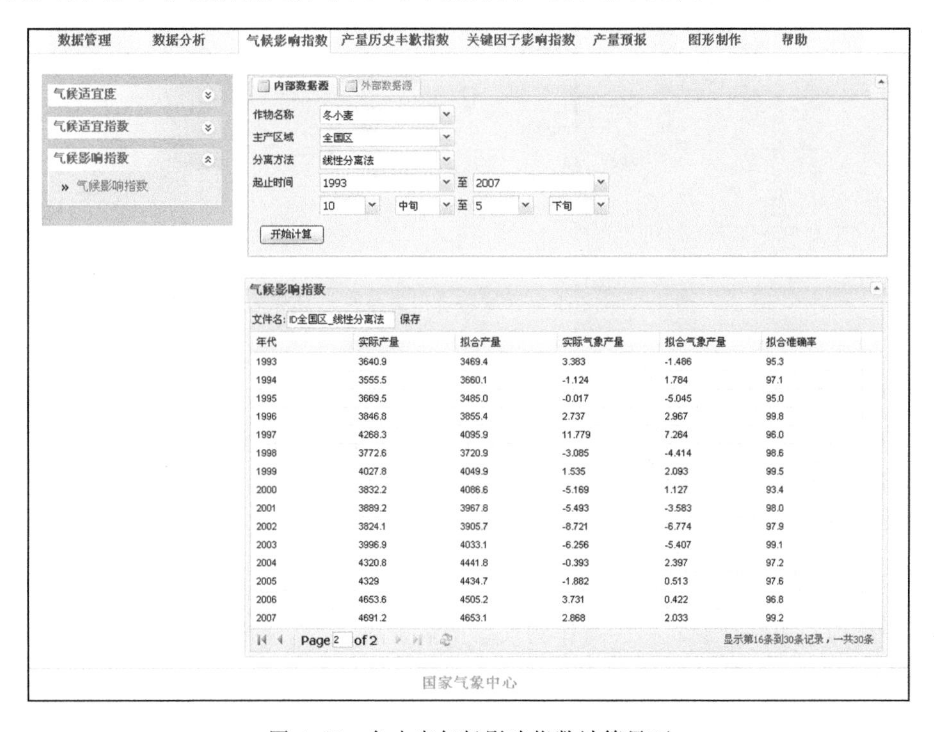

年代	实际产量	拟合产量	实际气象产量	拟合气象产量	拟合准确率
1993	3640.9	3469.4	3.383	-1.486	95.3
1994	3555.5	3660.1	-1.124	1.784	97.1
1995	3669.5	3485.0	-0.017	-5.045	95.0
1996	3846.8	3855.4	2.737	2.967	99.8
1997	4268.3	4095.9	11.779	7.264	96.0
1998	3772.6	3720.9	-3.085	-4.414	98.6
1999	4027.8	4049.9	1.535	2.093	99.5
2000	3832.2	4086.6	-5.169	1.127	93.4
2001	3889.2	3967.8	-5.493	-3.583	98.0
2002	3824.1	3905.7	-8.721	-6.774	97.9
2003	3996.9	4033.1	-6.256	-5.407	99.1
2004	4320.8	4441.8	-0.393	2.397	97.2
2005	4329	4434.7	-1.882	0.513	97.6
2006	4653.6	4505.2	3.731	0.422	96.8
2007	4691.2	4653.1	2.868	2.033	99.2

图 4.68　冬小麦气候影响指数计算界面

4.2.4　产量历史丰歉影响指数模块

主要功能是利用综合诊断指标计算预报年作物播种(或播种前)至某一时段的气象条件与历史同期气象条件的相似程度,根据历史年作物产量丰歉气象影响指数,计算预报年作物产量丰歉气象影响指数,包括区域综合气象条件、气象条件综合诊断和产量历史丰歉指数计算三部分。

4.2.4.1　区域综合气象条件计算

主要功能是利用逐日最高气温、最低气温、降水量、日照时数资料,计算所选作物、所选区域、所选起止时间段内每 5 天的滚动积温、标准化降水量、累积日照时数,计算结果存于本地数据文件中,可以 excel 或 txt 文件格式导出,以冬小麦为例,计算结果见图 4.69。

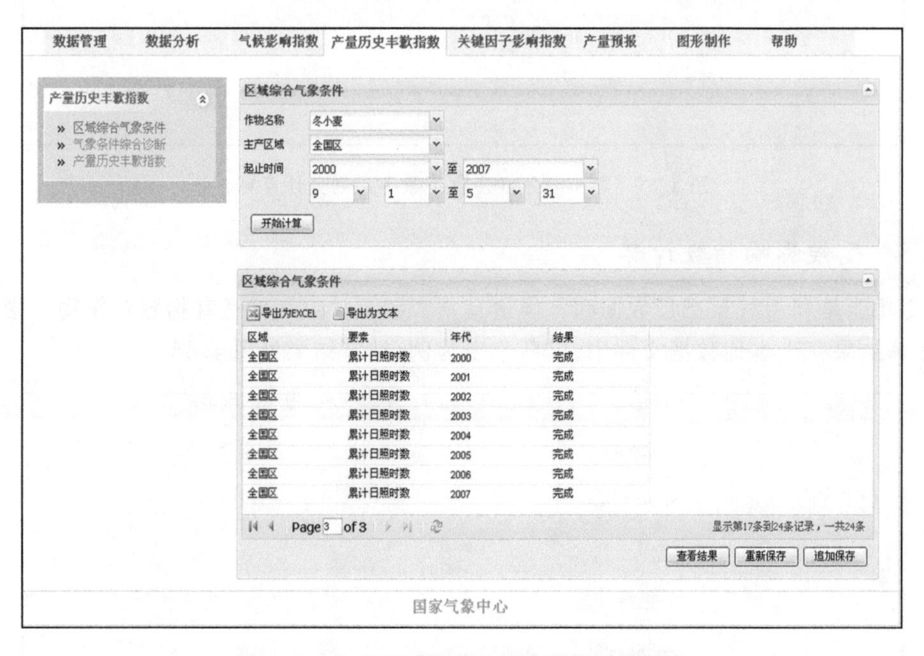

图 4.69　冬小麦区域综合气象条件计算界面

4.2.4.2　气象条件综合诊断指标计算

主要功能是利用区域综合气象条件,计算预报年所选作物、所选区域气象条件与历史同期气象条件的相似程度,可分温度、降水、日照分别计算,也可选择全部综合诊断指标进行一次性计算,计算结果存于本地数据文件中,以冬小麦为例,计算结果见图 4.70。

4.2.4.3　产量历史丰歉指数计算

主要功能为利用综合诊断指标与作物气象产量资料,计算预报年作物产量丰歉气象影响指数,以冬小麦为例,计算结果见图 4.71。

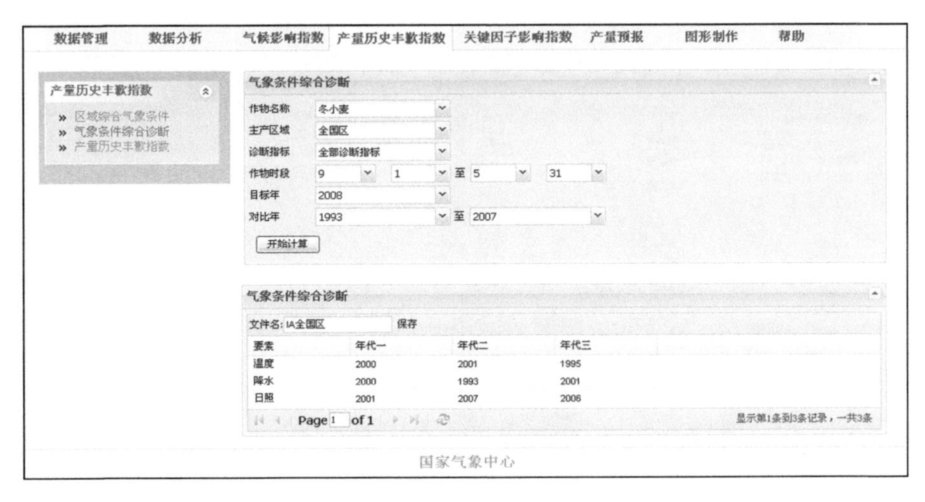

图 4.70　冬小麦气象条件综合诊断指标计算界面

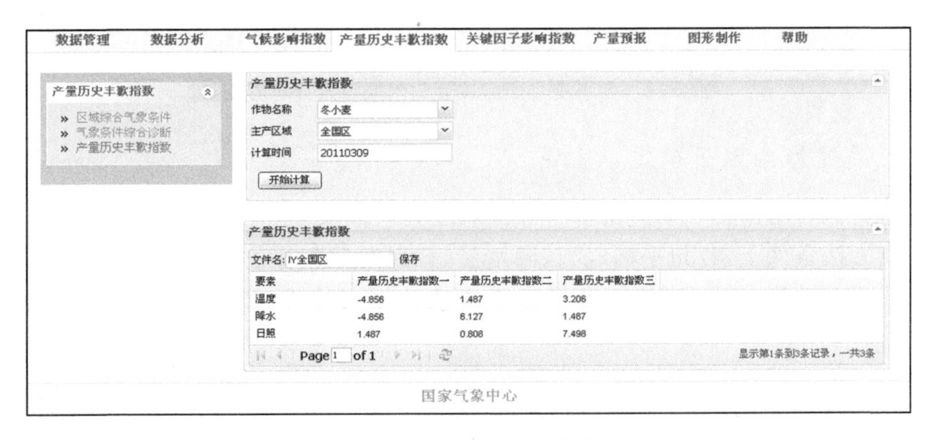

图 4.71　冬小麦产量历史丰歉指数计算界面

4.2.5　关键因子影响指数模块

主要功能是计算作物气象产量与各旬平均气温、降水量、日照时数等气象要素的关系，根据气象要素与作物气象产量间相关系数大小和作物的生物学意义，确定影响作物生长发育和产量形成的关键气象因子，在此基础上计算关键因子影响指数。包括区域逐旬气象要素计算、关键影响因子确定和关键因子影响指数计算三部分。

4.2.5.1　区域逐旬气象要素计算

主要功能是利用逐日最高气温、最低气温、降水量、日照时数资料，计算所选作物、所选区域、所选起止时间段内的逐旬平均气温、降水量、日照时数数据，计算结果存于本地数据文件中，可以 excel 或 txt 文件格式导出，以冬小麦为例，计算结果见图 4.72。

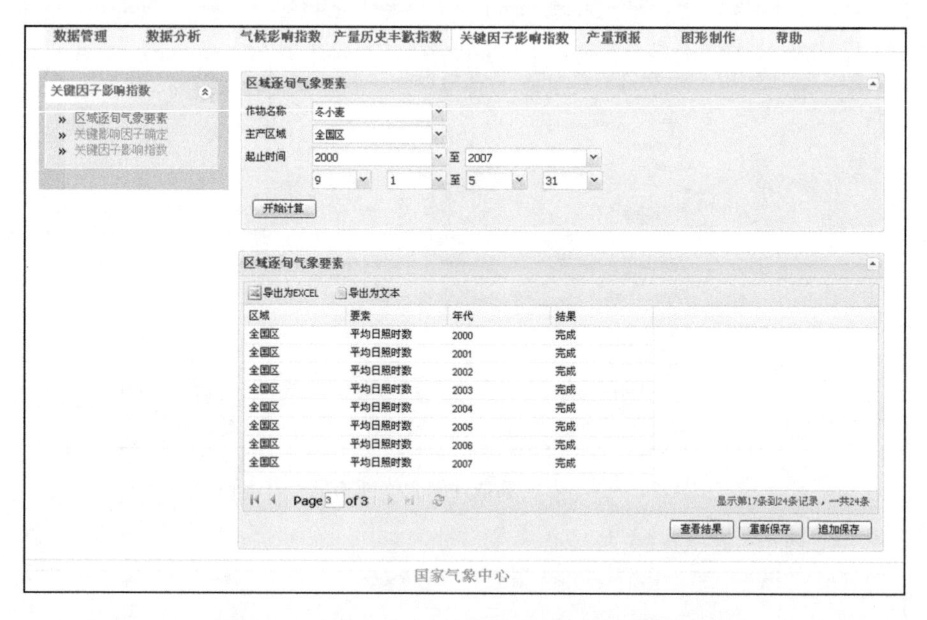

图 4.72　冬小麦主产区域逐旬气象要素计算界面

4.2.5.2　关键影响因子确定

主要功能为利用作物气象产量资料和区域逐旬气象要素，确定所选作物、所选区域、所选产量分离方法条件下，各旬平均气温、降水量、日照时数与作物气象产量的相关系数通过显著性检验的关键影响因子，计算结果存于本地数据文件中，以冬小麦为例，计算结果见图 4.73。

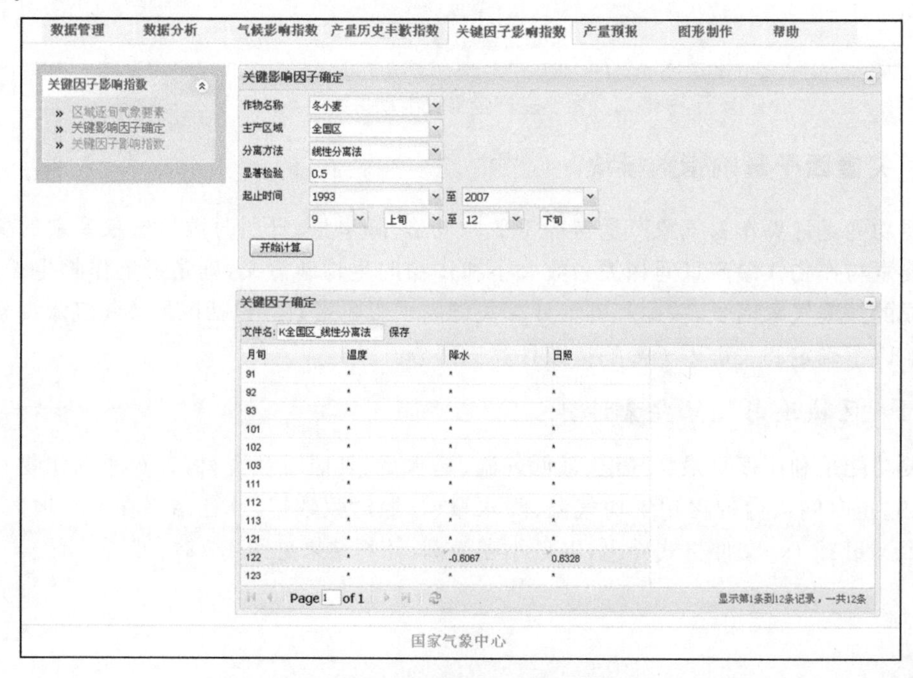

图 4.73　冬小麦关键影响因子确定界面

4.2.5.3　关键因子影响指数计算

主要功能是利用作物气象产量资料和选定的关键影响因子，计算关键气象因子影响指数，计算结果存于本地数据文件中，见图 4.74。

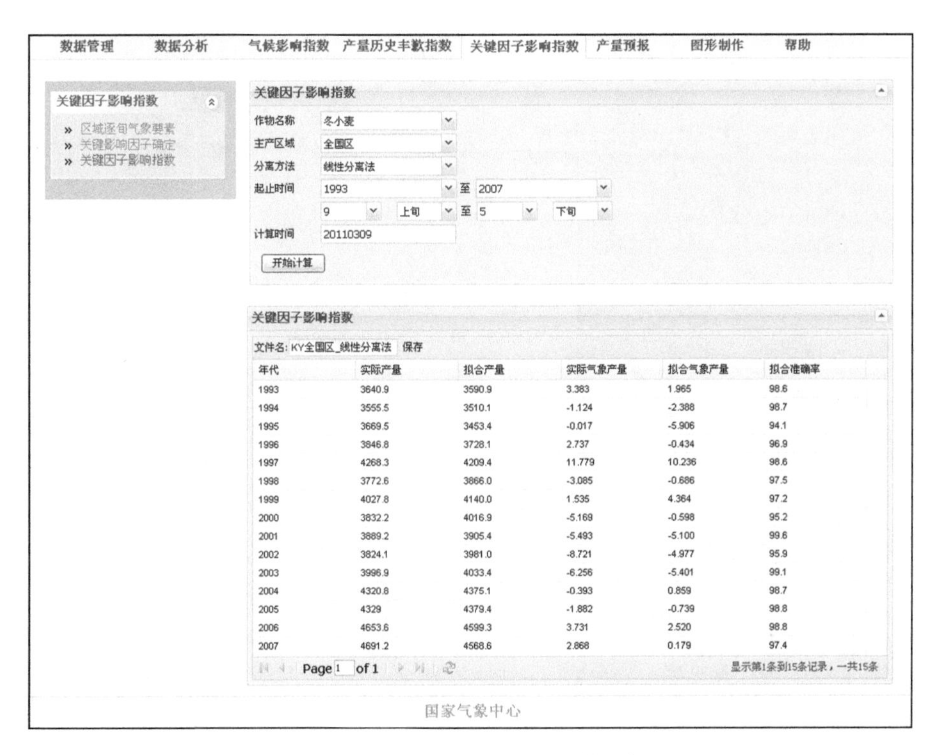

年代	实际产量	拟合产量	实际气象产量	拟合气象产量	拟合准确率
1993	3640.9	3590.9	3.383	1.965	98.6
1994	3555.5	3510.1	-1.124	-2.388	98.7
1995	3669.5	3453.4	-0.017	-5.906	94.1
1996	3846.8	3728.1	2.737	-0.434	96.9
1997	4268.3	4209.4	11.779	10.236	98.6
1998	3772.6	3866.0	-3.085	-0.686	97.5
1999	4027.8	4140.0	1.535	4.364	97.2
2000	3832.2	4016.9	-5.169	-0.598	95.2
2001	3889.2	3905.4	-5.493	-5.100	99.6
2002	3824.1	3981.0	-8.721	-4.977	95.9
2003	3996.9	4033.4	-6.256	-5.401	99.1
2004	4320.8	4375.1	-0.393	0.859	98.7
2005	4329	4379.4	-1.882	-0.739	98.8
2006	4653.6	4599.3	3.731	2.520	98.8
2007	4691.2	4568.6	2.868	0.179	97.4

图 4.74　冬小麦关键因子影响指数计算界面

4.2.6　产量预报模块

主要功能是利用作物气象产量资料以及气候影响指数、产量历史丰歉气象影响指数和关键气象因子影响指数，预报作物平均单产，包括分模型预报和集成预报两部分。

4.2.6.1　分模型预报

主要功能是利用已经计算完成的气候影响指数、产量历史丰歉气象影响指数和关键气象因子影响指数与作物气象产量资料，分模型预报所选作物、所选区域、所选产量分离方法、所选预报时段的作物平均单产，计算结果存于本地数据文件中，以冬小麦为例，计算结果见图 4.75。

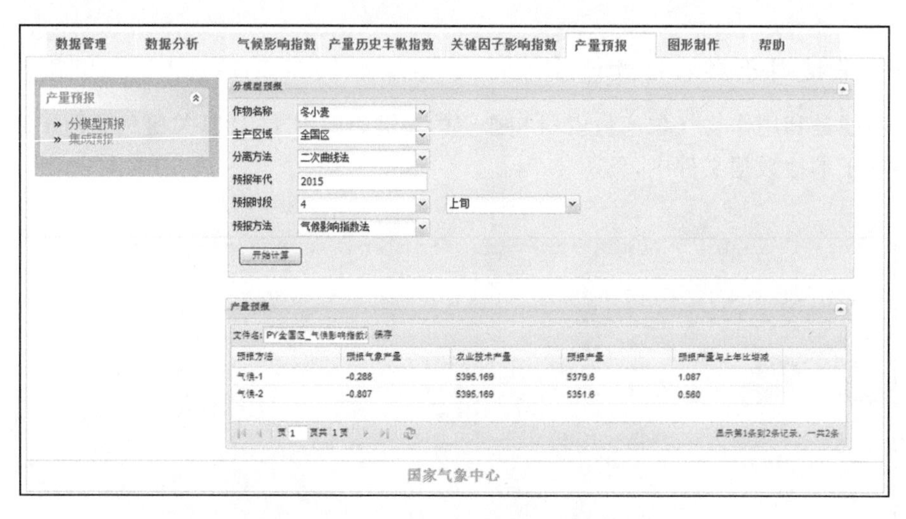

图 4.75　冬小麦产量分模型预报界面

4.2.6.2　集成预报

主要功能是利用三种分模型预报结果，根据不同的权重，集成预报所选作物、所选区域、所选产量分离方法、所选预报时段的作物最终平均单产。计算结果存于本地数据文件中，以冬小麦为例，计算结果见图 4.76。

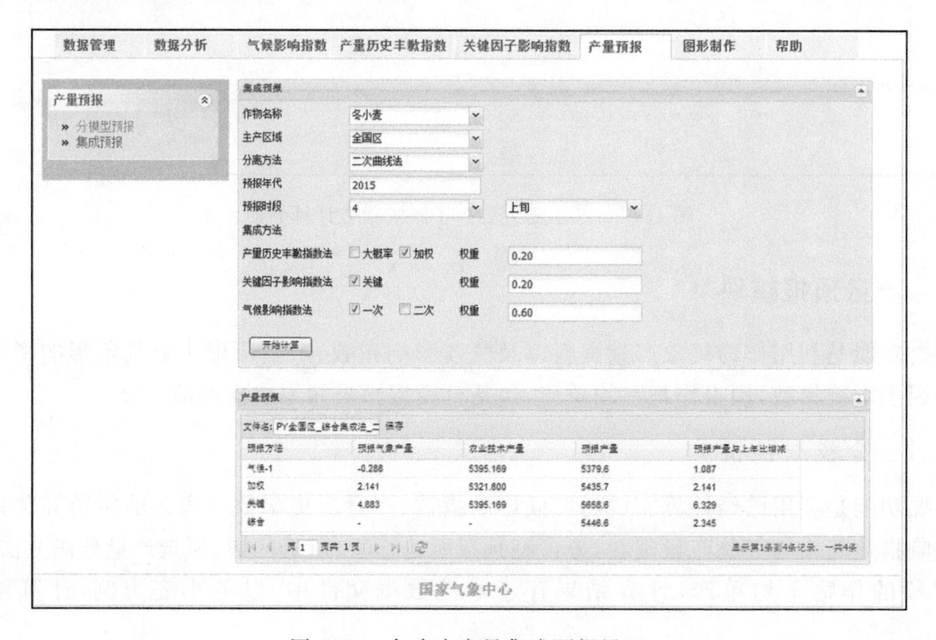

图 4.76　冬小麦产量集成预报界面

4.2.7　图形制作模块

主要功能是利用制图工具将相关计算结果绘制成折线图、柱状图、散点图和色斑图，主要包括站点资料图、气象资料图、产量资料图、适宜度资料图四部分。

4.2.7.1　站点资料图

主要功能是利用作物代表站点资料，绘制所选区域的作物站点空间散点分布图，图题可在系统提示后自行修改，图片为网页形式，可保存、打印，见图 4.77。

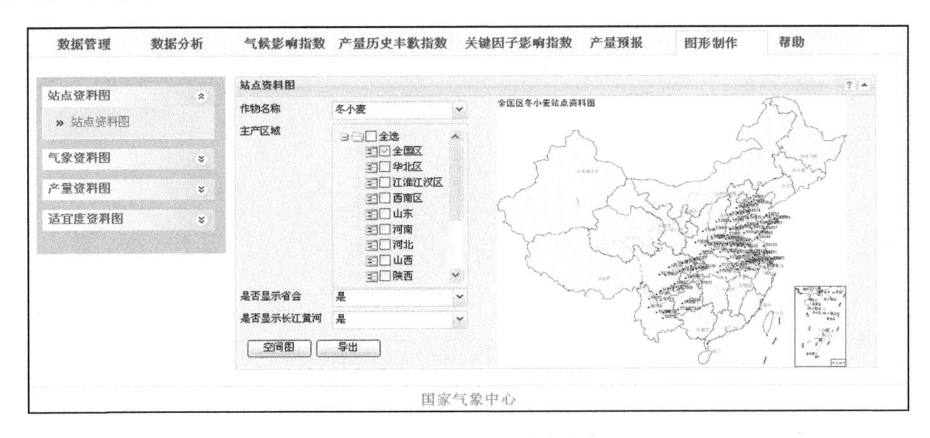

图 4.77　冬小麦站点资料图

4.2.7.2　气象资料图

包括逐日气象资料图、土壤墒情资料图、气象数据累计值图、气象数据对比值图和气象要素界限天数图五部分。

(1)逐日气象资料图

主要功能是利用逐日最高气温、最低气温、降水量、日照时数资料，绘制所选作物、所选区域、所选气象要素数据的空间散点分布图，图题可在系统提示后自行修改，图片为网页形式，可保存、打印，见图 4.78。

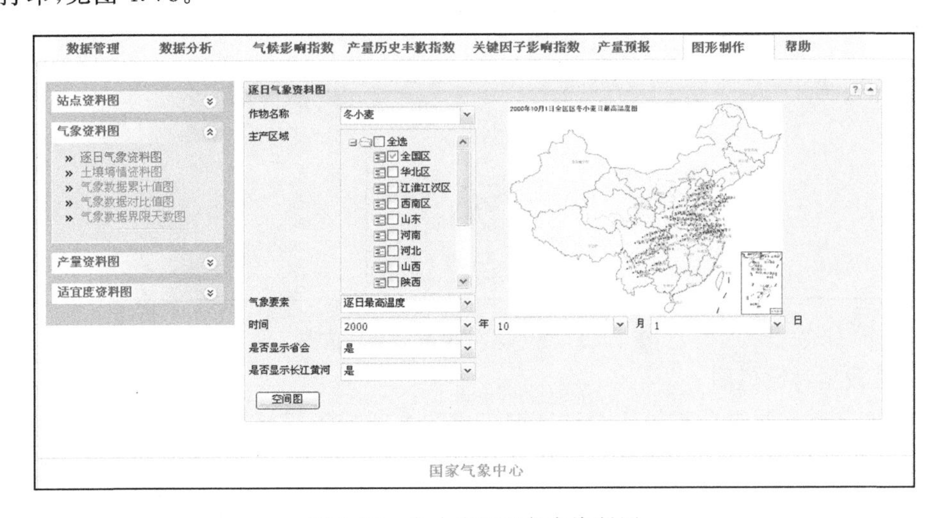

图 4.78　冬小麦逐日气象资料图

(2)土壤墒情资料图

主要功能是利用 10 cm 或 20 cm 土壤墒情资料，绘制所选作物、所选区域、所选时间的土壤墒情资料空间散点分布图，图题可在系统提示后自行修改，图片为网页形式，可保存、打印，见图 4.79。

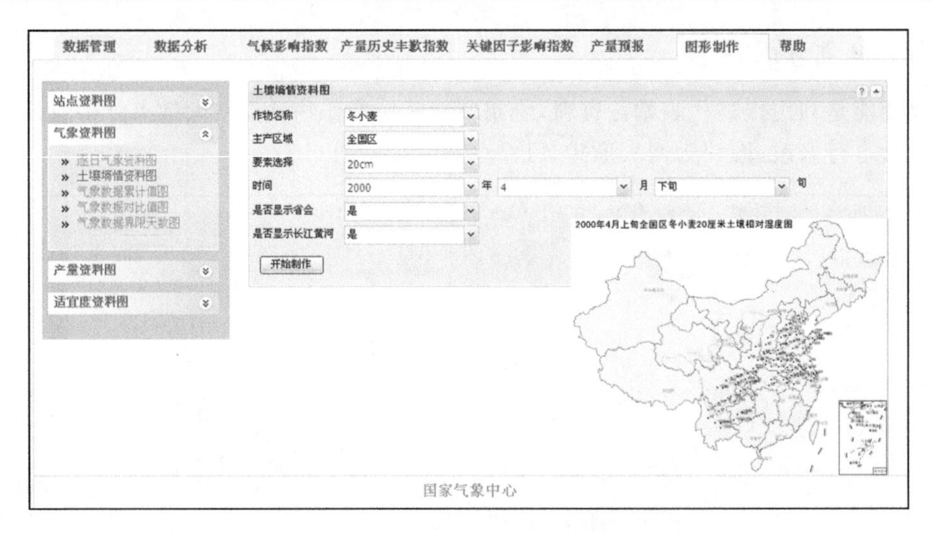

图 4.79 冬小麦土壤墒情资料图

(3)气象数据累计值图

主要功能是利用数据分析模块中已计算完成的大于或等于界限值积温、小于或等于界限值积温、累计降水量、累计日照时数数据,绘制所选作物、所选区域、所选气象要素值的空间散点分布图,图题可在系统提示后自行修改,图片为网页形式,可保存、打印,见图 4.80。

图 4.80 冬小麦气象数据累计值图

(4)气象数据对比值图

主要功能是利用数据分析模块中已计算完成的大于或等于界限值积温、小于或等于界限值积温、累计降水量、累计日照时数对比值资料,绘制所选作物、所选区域、所选气象要素对比值的空间散点分布图,图题可在系统提示后自行修改,图片为网页形式,可保存、打印,见图 4.81。

(5)气象数据界限天数图

主要功能是利用数据分析模块中已计算完成的日最高温度大于或等于界限值天数、日最低温度小于或等于界限值天数、日降水量大于或等于界限值天数、日降水量小于或等于界限值天数资料，绘制所选作物、所选区域、所选气象要素界限天数的空间散点分布图，图题可在系统提示后自行修改，图片为网页形式，可保存、打印，见图 4.82。

图 4.81　冬小麦气象数据对比值图

图 4.82　冬小麦气象数据界限天数图

4.2.7.3　产量资料图

包括作物产量年际变化图、作物产量区域变化图、气象产量年际变化图和作物产量预报结果图四部分。

(1)作物产量年际变化图

主要功能是利用作物平均单产、种植面积、总产量资料，绘制所选主产区域、所选起止时间、所选作物产量要素的年际变化图，可选择柱状图和折线图两种形式，图题、横纵坐标可在系统提示后自行修改，图片可保存、打印，见图 4.83。

(2)作物产量区域变化图

主要功能是利用作物平均单产、种植面积、总产量资料，绘制所选区域、所选年代、所选作物产量要素的变化图，可选择柱状图和折线图两种形式，图题、横纵坐标可在系统提示后自行修改，图片可保存、打印，见图 4.84。

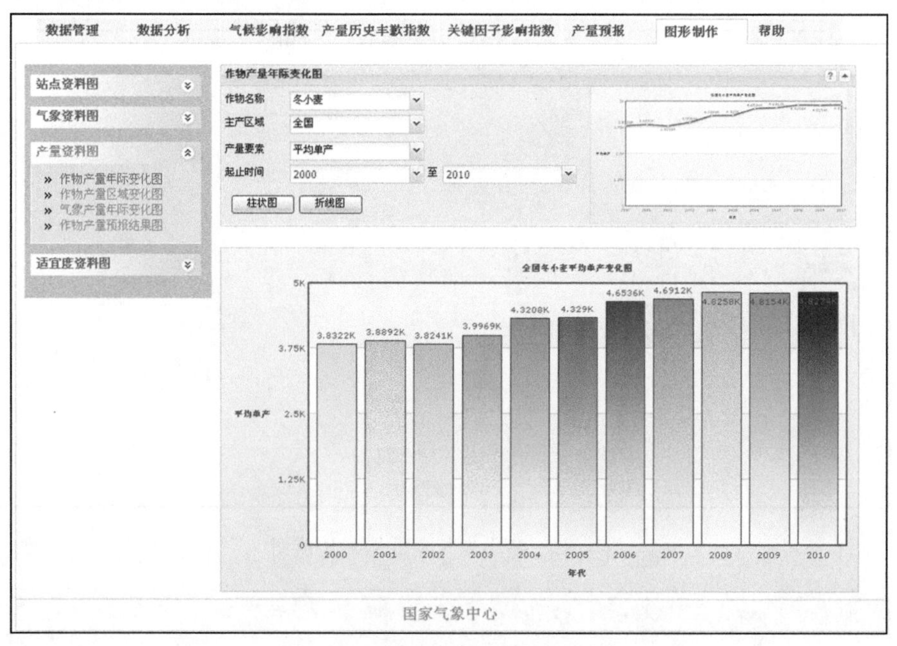

图 4.83　冬小麦产量年际变化图

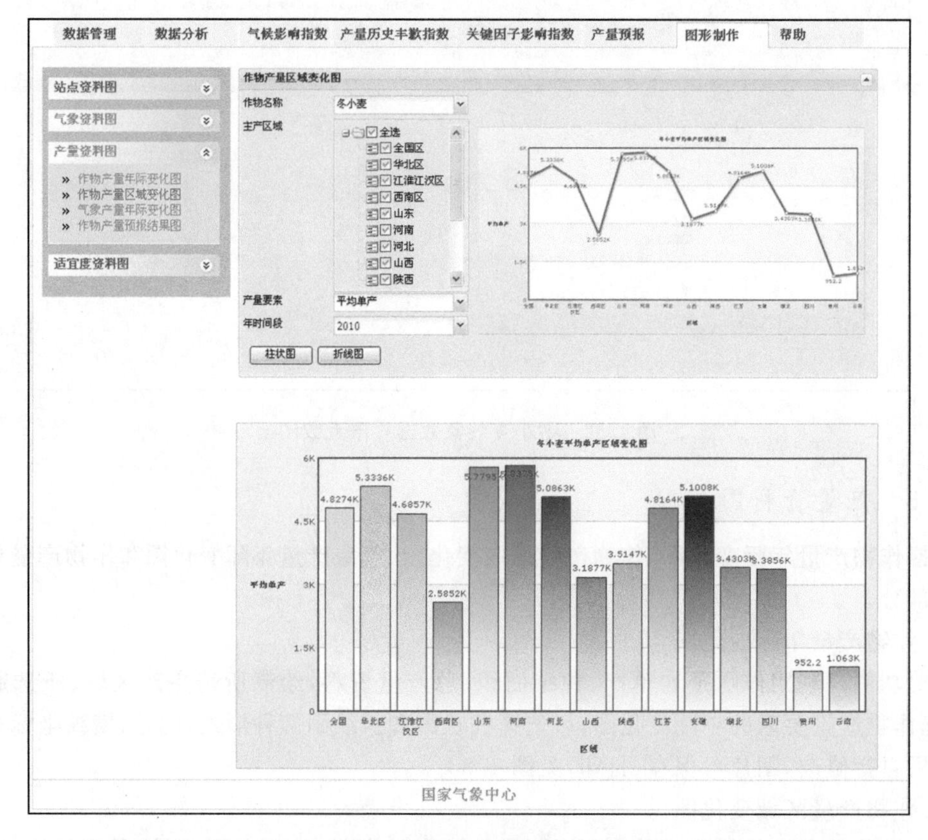

图 4.84　冬小麦产量区域变化图

(3)气象产量年际变化图

主要功能是利用作物气象产量资料,绘制所选区域、所选起止时间、所选产量分离方法的作物气象产量年际变化图,可选择柱状图和折线图两种形式,图题、横纵坐标可在系统提示后自行修改,图片可保存、打印,见图 4.85。

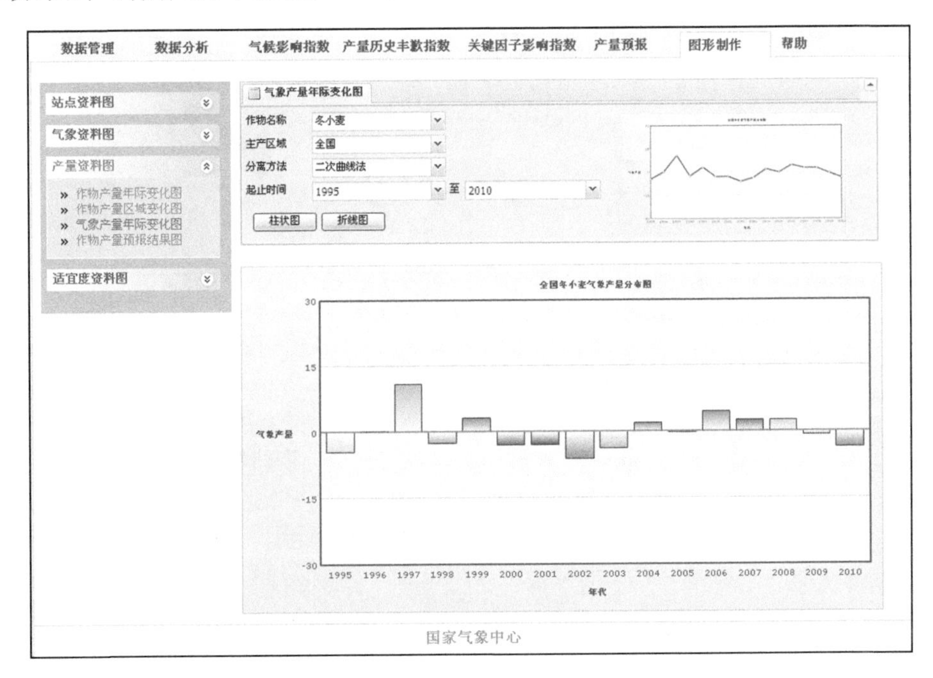

图 4.85　冬小麦气象产量年际变化图

(4)作物产量预报结果图

主要功能是利用作物产量预报结果数据,绘制所选作物、所选区域作物气象产量预报结果图,选择柱状图和折线图时,图题、横纵坐标可在系统提示后自行修改;选择空间图时,即以网页形式绘制作物产量增减趋势空间分布色斑图,图题可在系统提示后自行修改;以上图形均可保存、打印,见图 4.86。

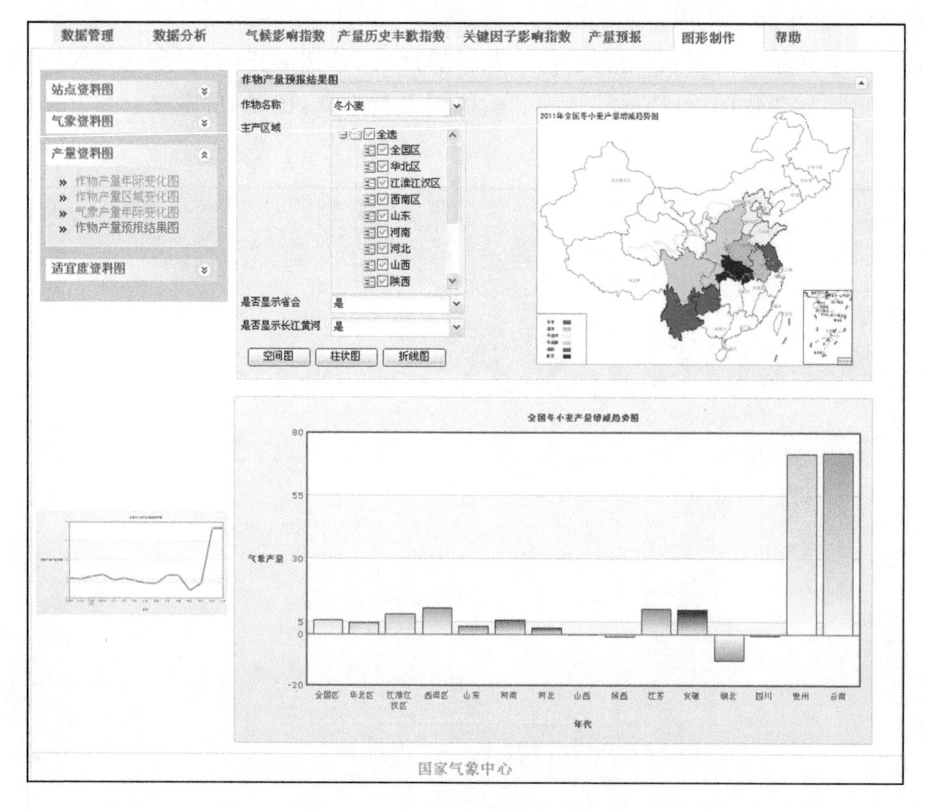

图 4.86　冬小麦产量预报结果图

4.2.7.4　适宜度资料图

包括气候适宜度年际变化图、气候适宜度旬次变化图、气候适宜区域分布图、气候适宜指数年际变化图和气候适宜指数区域分布图五部分。

(1)气候适宜度年际变化图

主要功能是利用所选作物适宜度资料(温度适宜度、降水适宜度、土壤墒情适宜度、水分适宜度、日照适宜度、气候适宜度),绘制同一主产区域、不同年、同一月旬气候适宜度资料的年际变化图,可选择柱状图和折线图两种形式,图题、横纵坐标可在系统提示后自行修改,图片可保存、打印,见图 4.87。

(2)气候适宜度旬次变化图

主要功能是利用所选作物的适宜度资料(温度适宜度、降水适宜度、土壤墒情适宜度、水分适宜度、日照适宜度、气候适宜度),绘制同一主产区域、同一年、不同月旬气候适宜度资料的旬次变化图,可选择柱状图和折线图两种形式,图题、横纵坐标可在系统提示后自行修改,图片可保存、打印,见图 4.88。

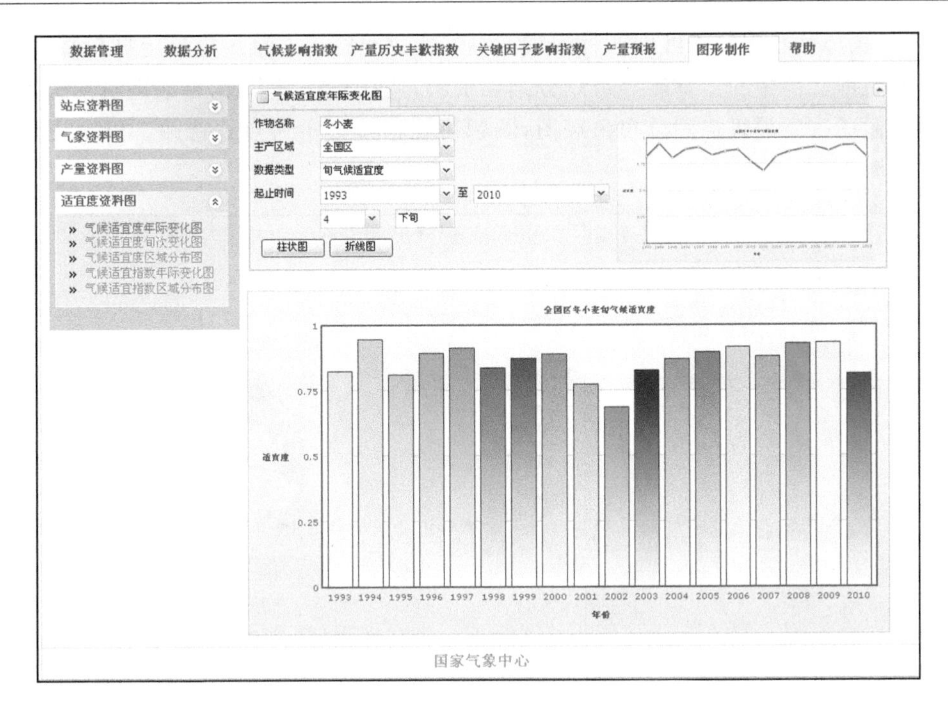

图 4.87　冬小麦气候适宜度年际变化图

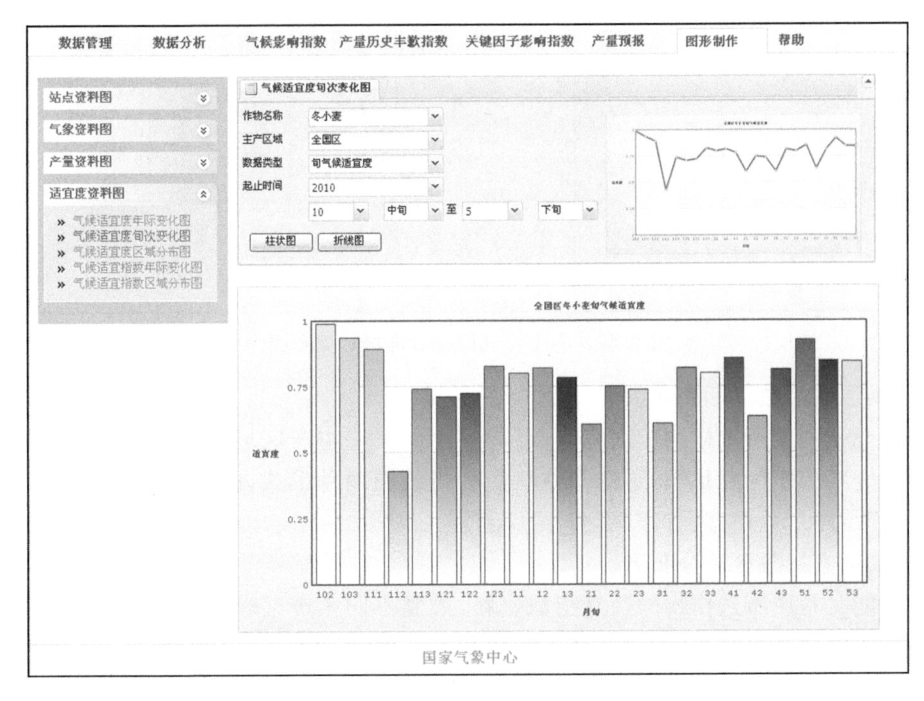

图 4.88　冬小麦气候适宜度旬次变化图

(3)气候适宜度区域分布图

主要功能是利用所选作物的适宜度资料(温度适宜度、降水适宜度、土壤墒情适宜度、水分适宜度、日照适宜度、气候适宜度),绘制不同主产区域、同一年、同一月旬气候适宜度资料的区域分布图，可选择柱状图和折线图两种形式，图题、横纵坐标可在系统提示后自行修改；还可利用存于本地数据文件中的适宜度等级划分结果资料，选择空间图形式，即以网页形式绘制不同区域作物气候适宜度等级空间分布色斑图，图题可在系统提示后自行修改。以上图形均可保存、打印，见图 4.89。

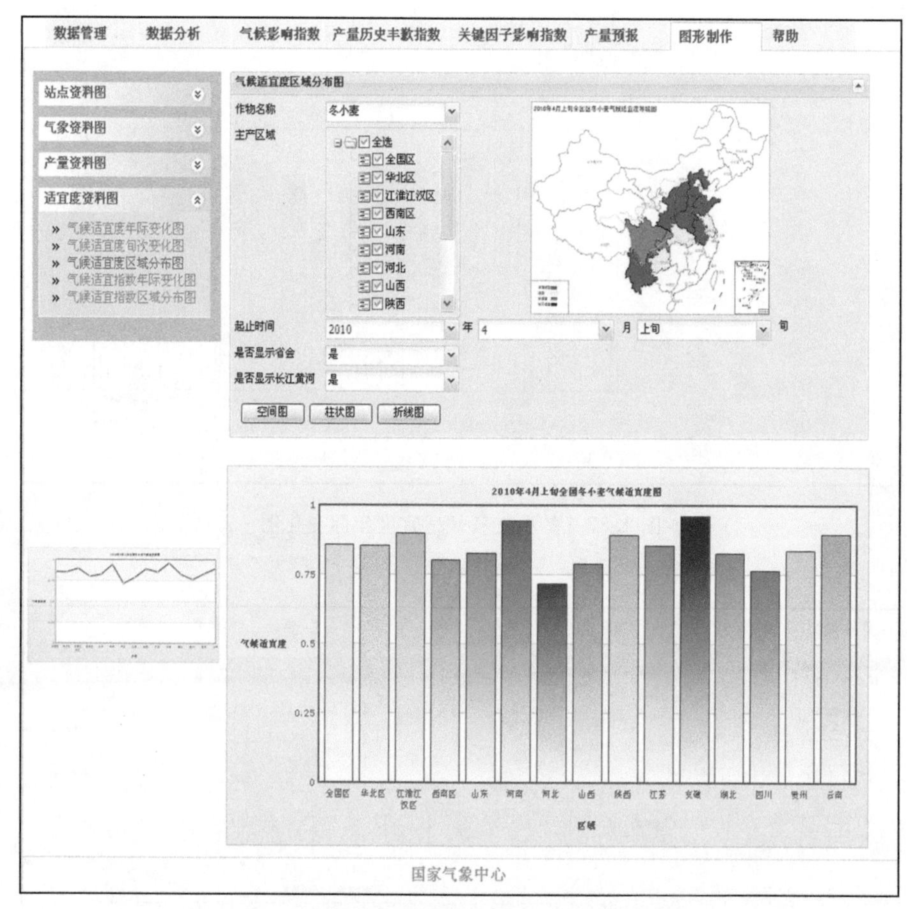

图 4.89　冬小麦气候适宜度区域分布图

(4)气候适宜指数年际变化图

主要功能是利用所选作物的适宜指数资料，绘制同一主产区域、不同年、同一起止月旬气候适宜指数资料的年际变化图，可选择柱状图和折线图两种形式，图题、横纵坐标可在系统提示后自行修改，图片可保存、打印，见图 4.90。

(5)气候适宜指数区域分布图

主要功能是利用所选作物的适宜指数资料，绘制不同主产区域、同一年、同一起止月旬气候适宜指数资料的区域分布图，可选择柱状图和折线图两种形式，图题、横纵坐标可在系统提示后自行修改；还可利用存于本地数据文件中的适宜指数等级划分结果资料，选择空间图形式，即以网页形式绘制不同区域作物气候适宜指数等级空间分布色斑图，图题可在系统提示后自行修改。以上图形均可保存、打印，见图 4.91。

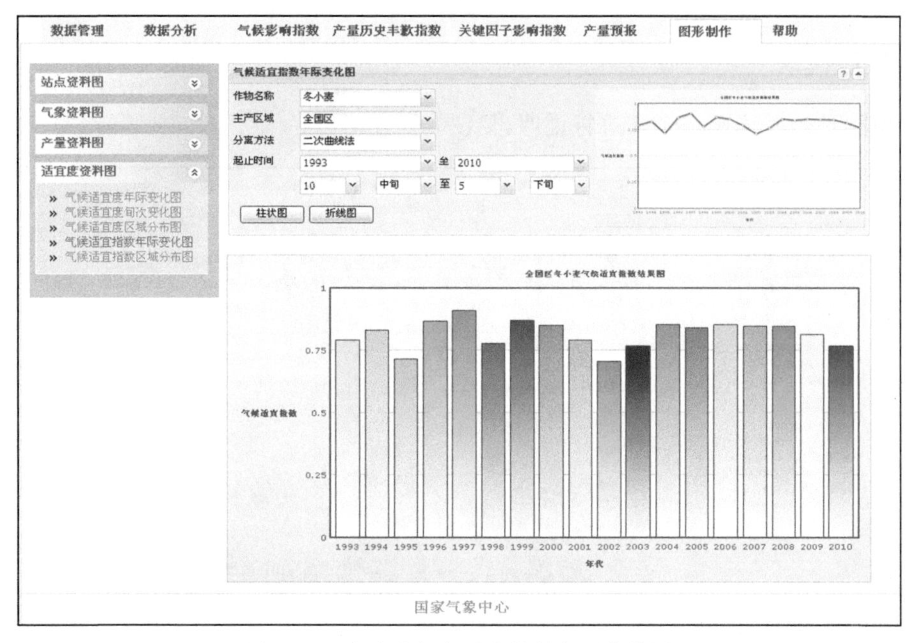

图 4.90　冬小麦气候适宜指数年际变化图

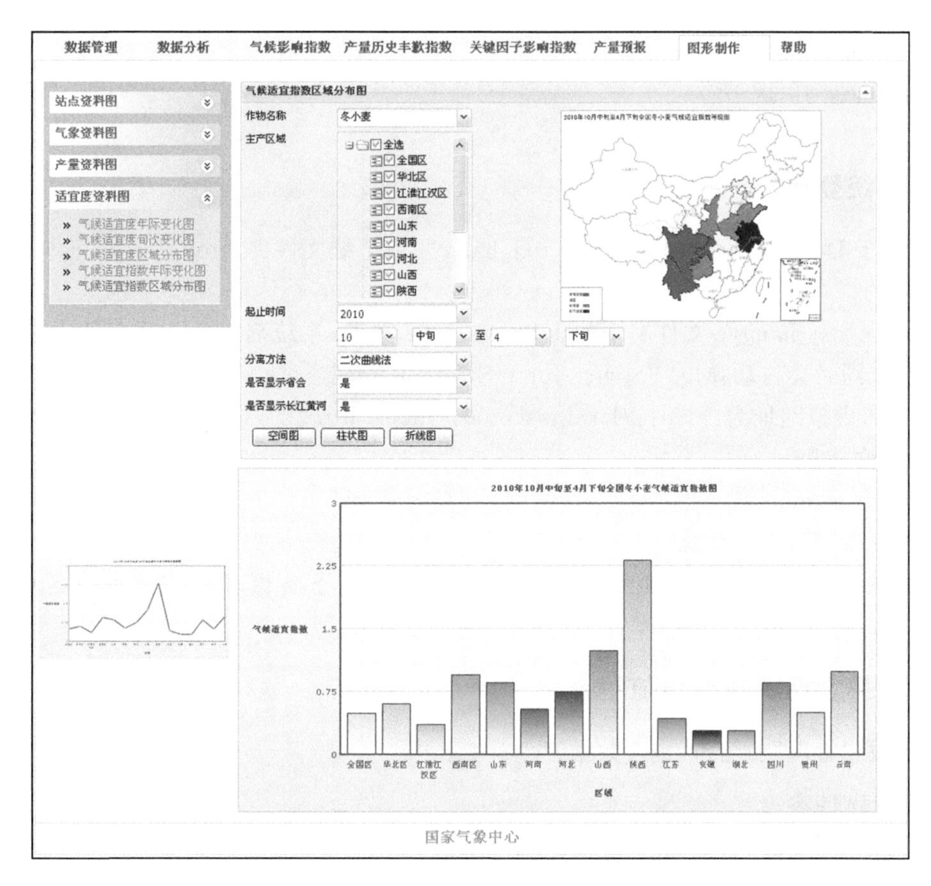

图 4.91　冬小麦气候适宜指数区域分布图

4.2.8 帮助模块

主要功能是对系统操作步骤进行说明，见图 4.92。

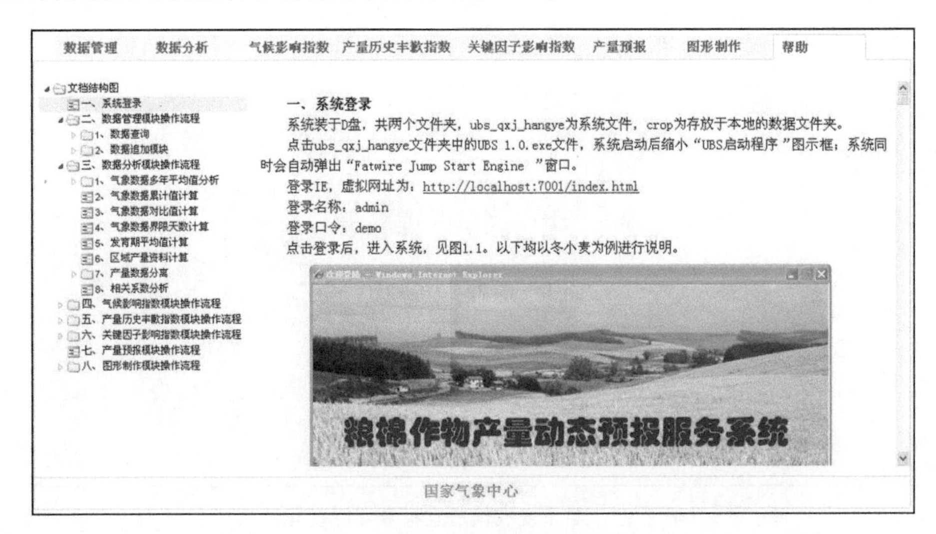

图 4.92 帮助模块界面

4.3 系统操作说明

4.3.1 系统登录

系统装于 D 盘，共两个文件夹，ubs_qxj_hangye 为系统文件夹，crop 为存放于本地的数据文件夹。

点击 ubs_qxj_hangye 文件夹中的 UBS 1.0. exe 文件，系统启动后缩小"UBS 启动程序"图示框；系统同时会自动弹出"Fatwire Jump Start Engine"窗口。

登录 IE，虚拟网址为：http://localhost:7001/index. html

登录名称：admin

登录口令：demo

点击"登录"后，进入系统。

* 注：系统相关界面图可参见系统主要功能部分；以下各模块操作流程以冬小麦为例介绍。

4.3.2 数据管理模块操作流程

点击"数据管理"功能条，进入数据管理模块。

4.3.2.1 数据查询

点击"数据查询"菜单条，弹出数据查询子菜单。

(1)作物代表站点查询

代表站点文件存于 D:\Crop\dongxiaomai\zhandian 中，供查询使用的站点文件存于 D:\

Crop\dongxiaomai\zhandian-jw 中，如更换站点，则需将上述两个文件中的相应资料均进行修改。

①点击“数据查询”子菜单中“作物代表站点”。

②在“作物名称”选择框中选择作物。

③在“主产区域”选择框中选择区域，冬小麦主产区域包括全国区、华北区、江淮江汉区、西南区及山东、河北、河南、山西、陕西、江苏、安徽、湖北、四川、贵州、云南（以下各部分功能中的“主产区域”选择同此）。

点击“查询”，即可查询作物代表站点资料。

(2)基本气象要素查询

基本气象要素数据存于数据库中。

①点击“数据查询”子菜单中“基本气象要素”。

②在“作物名称”选择框中选择作物。

③在“代表站点”选择框中选择站点，可单选、多选、全选。

④在“气象要素”选择框中选择气象要素，包括日最高气温、日最低气温、日降水量和日日照时数。

⑤在“起止时间”选择框中选择时间，时间为不间断选择。

点击“查询”，即可查询基本气象要素数据。

(3)作物产量数据查询

作物产量数据存于数据库中。

①点击“数据查询”子菜单中“作物产量数据”。

②在“作物名称”选择框中选择作物。

③在“主产区域”选择框中选择区域。

④在“产量要素”选择框中产量要素，包括平均单产、种植面积和总产量。

⑤在“起止时间”选择框中选择时间。

点击“查询”，即可查询作物产量要素数据。

(4)作物发育期数据查询

作物发育期数据存于数据库中。

①点击“数据查询”子菜单中“作物发育期数据”。

②在“作物名称”选择框中选择作物。

③在“查询条件”选择框中选择条件，包括区域或代表站。

④在“起止时间”选择框中选择时间(查询条件为“区域”时可不选择时间)。

当查询条件为“区域”时，弹出“主产区域”选择框，选择相应区域，点击“查询”，即可查询作物区域平均发育期数据。

当查询条件为“代表站”时，弹出“代表站点”选择框，选择相应站点，点击“查询”，即可查询代表站点逐年实际发育期及平均发育期数据。

(5)土壤数据查询

土壤数据存于数据库中。

①点击“数据查询”子菜单中“土壤数据”。

②在“作物名称”选择框中选择作物。

③在“主产区域”选择框中选择区域。

④在“代表站点”选择框中选择站点，可单选、多选、全选。

⑤在“要素选择”选择框中选择要素，包括 10 cm 和 20 cm。

⑥在“起止时间”选择框中选择时间。

点击“查询”，即可查询土壤相对湿度数据。

(6)指标数据查询

指标数据存于数据库中。

①点击“数据查询”子菜单中“指标数据”。

②在“作物名称”选择框中选择作物。

③在“指标类型”选择框中选择类型，包括温度、土壤湿度和日照指标。

当指标类型为“温度”时，点击“查询”，即可查询作物各发育期的最高、最适、最低温度指标数据。

当指标类型为“土壤湿度”时，点击“查询”，即可查询作物各发育期的适宜土壤湿度指标数据。

当指标类型为“日照”时，点击“查询”，即可查询作物各发育期的日照适宜度指标数据。

(7)多年平均数据查询

多年平均值数据存于数据库中。

①点击“数据查询”子菜单中“多年平均”。

②在“作物名称”选择框中选择作物。

③在“查询条件”选择框中选择条件，包括区域或代表站。

④在“气象要素”选择框中选择气象要素，包括平均气温、降水量、日照时数。

⑤在“起止时间”选择框中选择时间。

当“查询条件”为“代表站”时，弹出“代表站点”选择框，选择相应站点。

点击“查询”，即可查询所选代表站点气象要素多年平均数据。

当“查询条件”为“区域”时，弹出“主产区域”选择框，选择相应区域。

点击“查询”，即可查询作物区域气象要素多年平均数据。

(8)可照时数查询

可照时数数据存于数据库中。

①点击“数据查询”子菜单中“可照时数”。

②在“作物名称”选择框中选择作物。

③在“查询条件”选择框中选择条件，包括区域或代表站。

④在“起止时间”选择框中选择时间。

当“查询条件”为“代表站”时，弹出“代表站点”选择框，选择相应站点。点击“查询”，即可查询所选代表站点气象要素多年平均数据。

当“查询条件”为“区域”时，弹出“主产区域”选择框，选择相应区域。点击“查询”，即可查询区域内所有站点数据。

(9)气候影响指数数据查询

气候影响指数部分的相关数据分别存于 D:\Crop\dongxiaomai\Fit 文件夹和 D:\Crop\dongxiaomai\INdex 文件夹中。需在气候影响指数模块进行相应计算后才可查询。

①点击“数据查询”子菜单中“气候影响指数”。

②在“作物名称”选择框中选择作物。

③在“主产区域”选择框中选择区域。

④在“数据类型”选择框中选择数据类型，包括气候适宜度、适宜度贡献系数、气候适宜指数、气候影响指数。

a)选择“气候适宜度”，弹出“气候适宜度”选择框，选择相应适宜度，包括旬温度适宜度、旬降水适宜度、旬墒情适宜度、旬水分适宜度、旬日照适宜度、旬气候适宜度、站点日温度适宜度、区域日温度适宜度、站点日日照适宜度、区域日日照适宜度，选择相应适宜度，点击“查询”，即可查询所选适宜度数据。

b)选择“适宜度贡献系数”，弹出“分离方法”选择框，产量分离方法包括线性分离法、二次曲线分离法、滑动平均分离法、差值百分率分离法（以下各部分产量分离方法同此），选择相应产量分离方法，点击“查询”，即可查询作物气候适宜度贡献系数数据。

c)选择“气候适宜指数”，弹出“分离方法”选择框，选择相应产量分离方法，点击“查询”，即可查询作物气候适宜指数数据。

d)选择“气候影响指数”，弹出“分离方法”选择框，选择相应产量分离方法，点击“查询”，即可查询气候影响指数数据。

(10)产量历史丰歉指数数据查询

产量历史丰歉指数部分相关数据分别存于 D:\Crop\dongxiaomai\qxtj，D:\Crop\dongxiaomai\INdex-A 和 D:\Crop\dongxiaomai\INdex-Y 文件夹中，需在产量历史丰歉指数模块进行相应计算后才可查询。

①点击“数据查询”子菜单中“产量历史丰歉指数”。

②在“作物名称”选择框中选择作物。

③在“主产区域”选择框中选择区域。

④在“数据类型”选择框中选择数据类型，包括综合气象条件、历史相似年型、产量历史丰歉指数。

a)选择“综合气象条件”，弹出“气象条件”选择框，包括滚动积温、标准化降水和累积日照时数，选择相应的气象条件，点击“查询”，即可查询作物区域综合气象条件数据。

b)选择“历史相似年型”，点击“查询”，即可查询历史相似年型数据。

c)选择“产量历史丰歉指数”，点击“查询”，即可查询作物产量历史丰歉指数数据。

(11)关键因子影响指数数据查询

关键因子影响指数部分相关数据分别存于 D:\Crop\dongxiaomai\qxys，D:\Crop\dongxiaomai\Key 和 D:\Crop\dongxiaomai\Key-Y 文件夹中，需在关键因子影响指数模块进行相应计算后才可查询。

①点击“数据查询”子菜单中“关键因子影响指数”。

②在“作物名称”选择框中选择作物。

③在“主产区域”选择框中选择区域。

④在“数据类型”选择框中选择数据类型，包括区域旬气象要素、关键影响因子、关键因子影响指数。

a)选择“区域旬气象要素”，弹出“气象要素”选择框，包括旬平均气温、旬降水量、旬日照时数,选择相应气象要素,点击“查询”,即可查询作物区域气象要素数据。

b)选择“关键影响因子”,弹出“分离方法”选择框,选择相应产量分离方法,点击“查询”,即可查询关键影响因子数据。

c)选择“关键因子影响指数”,弹出“分离方法”选择框,选择相应产量分离方法,点击“查询”,即可查询关键因子影响指数数据。

(12)产量预报数据查询

产量预报数据存于 D:\Crop\dongxiaomai\Predict-Y 中,需在产量预报模块进行相应计算后才可查询。

①点击“数据查询”子菜单中“产量预报”。

②在“作物名称”选择框中选择作物。

③在“主产区域”选择框中选择区域。

④在“预报方法”选择框中选择预报模型。

⑤在“分离方法”选择框中选择产量分离方法。

⑥在“预报时间”选择框中选择预报时段。

点击“查询”,即可查询产量预报数据。

4.3.2.2 数据追加

点击“数据追加”菜单条,弹出数据追加子菜单。

(1)自动追加

①点击“数据追加”子菜单中“自动追加”。

②温度数据追加

手工输入起止时间,时间格式具体到日,例:20100101 至 20101231,点击“追加”,系统自动追加各站点逐日最高气温、最低气温资料。追加完毕后,系统显示“追加成功”提示,点击“确定”后即完成追加。

③降水数据追加

手工输入起止时间,时间格式具体到日,例:20100101 至 20101231,点击“追加”,系统自动追加各站点逐日降水量资料。追加完毕后,系统显示“追加成功”提示,点击“确定”后即完成追加。

④日照数据追加

手工输入起止时间,时间格式具体到日,例:20100101 至 20101231,点击“追加”,系统自动追加各站点逐日日照时数资料。追加完毕后,系统显示“追加成功”提示,点击“确定”后即完成追加。

⑤土壤湿度数据追加

点击“追加”,系统自动追加各站点逐旬 10 cm 和 20 cm 土壤湿度资料。追加完毕后,系统显示“追加成功”提示,点击“确定”后即完成追加。

⑥发育期数据追加

点击“追加”,系统弹出“最近追加数据时间”及“是否开始追加”提示,选择“追加”,系统自动追加发育期资料,选择“否”,即退出。每追加完一旬资料后,系统会提示目前已追加完成的资料日期及是否追加下时段资料提示,选择“确定”,系统将继续追加,选择“否”即退出,不进行选择，系统在 10 s 后自动进行追加。追加完毕后，系统显示“发育期资料已全部追加完成”提示，点击“确定”后完成追加。

因发育期资料有缺值，因此在追加完一年的发育期资料后，需对资料进行补缺值处理。在“补齐作物”中选择作物，在“补齐年份”中输入需补缺值资料的年代，点击“补齐”后，即以-888补齐每一年发育期资料中的缺值。

(2)手动追加

①点击“数据追加”子菜单中“手动追加”。

②在“作物名称”选择框内选择作物，系统会弹出“数据库中最后一个记录为：**** 年”提示，此年代为数据库中最后一个记录的年代。

③手工输入各作物总产、单产、种植面积资料。

④点击“提交”，产量资料即追加到数据库中。

4.3.3　数据分析模块操作流程

点击“数据分析”菜单条，弹出数据分析子菜单。

4.3.3.1　气象数据多年平均值分析

(1)站点气象要素多年平均值计算

①点击“数据分析”子菜单中“气象要素多年平均值”。

②点击“站点气象要素多年平均值”。

③在“作物名称”选择框中选择作物。

④在“气象站点”选择框中选择站点，可单选、多选、全选。

⑤在“气象要素”选择框中选择要素，包括日平均气温多年平均值、日降水量多年平均值、日日照时数多年平均值。

⑥在“起止时间”选择框中选择时间。选择 1981—2010 年，可将 1 月 1 日至 12 月 31 日的结果全部计算出来。

点击“开始计算”，即计算代表站点气象要素逐日多年平均值。

计算完毕，结果自动存入数据库。

(2)作物区域气象要素多年平均值计算

①点击“数据分析”子菜单中“气象要素多年平均值”。

②点击“作物区域气象要素多年平均值”。

③在“作物名称”选择框中选择作物。

④在“主产区域”选择框中选择区域。

⑤在“气象要素”选择框中选择要素，包括旬平均气温多年平均值、旬降水量多年平均值、旬日照时数多年平均值。

⑥在“起止时间”选择框中选择时间。选择 1981—2010 年，时段根据各区域作物的有效生长时段进行选择。

点击“开始计算”，即计算作物区域气象要素逐旬多年平均值。

计算完毕，系统提示“是否存入数据库?”，选择“Yes”则存入数据库，并覆盖原有资料；选择“No”则不保存。

4.3.3.2 可照时数计算

(1)点击“数据分析”子菜单中“可照时数”。

(2)在“起止时间”选择框中选择时间,一般选择作物生育时段。点击“开始计算”,即计算所选时段内作物的可照时数。计算完毕,系统会提示“可照时数计算完成!”,点“确定”后,结果自动保存至数据库中。

4.3.3.3 气象数据累计值计算

(1)点击“数据分析”子菜单中“气象数据累计值”。

(2)在“作物名称”选择框中选择作物。

(3)在“主产区域”选择框中选择区域。

(4)在“气象要素”选择框中选择要素,包括大于或等于界限值积温、小于或等于界限值积温、降水量累计和日照时数累计,当“气象要素”选择为大于或等于界限值积温或者小于或等于界限值积温时,会弹出界限值输入文本框,需人工输入界限值数据。

(5)在“起止时间”选择框中选择时间。

点击“开始计算”,即计算气象要素的累计值。

计算完毕,点击“保存”,系统会提示“请输入文件名!”,点击“ok”后在“文件名”后的文本框中自定义输入文件名,系统自动将结果保存至 D:\Crop\dongxiaomai\M-Accumulate 中。

4.3.3.4 气象数据对比值计算

(1)点击“数据分析”子菜单中“气象数据对比值”。

(2)在“作物名称”选择框中选择作物。

(3)在“主产区域”选择框中选择区域。

(4)在“气象要素”选择框中选择要素,同气象数据累计值部分。

(5)在“目标年”选择框中选择年代。

(6)在“对比年”选择框中选择年代。

(7)在“起止时间”选择框中选择时间。

点击“开始计算”,即计算目标年与对比年象要素的差值(目标年一对比年)与差值百分率。

计算完毕,点击“保存”,系统会提示“请输入文件名!”,点击“ok”后在“文件名”后的文本框中自定义输入文件名,系统自动将结果保存至 D:\Crop\dongxiaomai\M-Contrast 中。

4.3.3.5 气象数据界限天数计算

(1)点击“数据分析”子菜单中“气象数据界限天数”。

(2)在“作物名称”选择框中选择作物。

(3)在“主产区域”选择框中选择区域。

(4)在“气象要素”选择框中选择要素,包括日最高气温大于或等于界限值天数、日最低气温小于或等于界限值天数、日降水量大于或等于界限值天数、日降水量小于或等于界限值天数。

(5)在“界限值输入”文本框中输入界限值。

(6)在“起止时间”选择框中选择时间。

点击“开始计算”,即计算大于或等于或者小于或等于某一界限值气象要素天数。

计算完毕，点击“保存”，系统会提示“请输入文件名！”，点击“ok”后在“文件名”后的文本框中自定义输入文件名，系统自动将结果保存至 D:\Crop\dongxiaomai\D-Accumulate 中。

4.3.3.6　发育期平均值计算

(1)点击“数据分析”子菜单中“发育期平均值”。

(2)在“作物名称”选择框中选择作物。

(3)在“主产区域”选择框中选择区域。

(4)在“起止时间”选择框中选择时间。

点击“开始计算”，即计算区域和区域内各站点平均发育期。

计算完毕，点击右下角“保存”，系统会提示“是否存入数据库?”，选择“Yes”保存至数据库，选择“No”取消。

4.3.3.7　区域产量资料计算

(1)点击“数据分析”子菜单中“区域产量资料”。

(2)在“作物名称”选择框中选择作物。

(3)在“主产区域”选择框中选择区域。

(4)在“起止时间”选择框中选择时间。

点击“开始计算”，计算区域总产量、种植面积、平均单产数据。

计算完毕，点击右下角“保存”，系统会提示“是否存入数据库?”，选择“Yes”保存至数据库，选择“No”取消。

4.3.3.8　产量数据分离

(1)内部数据源产量数据分离

①点击“数据分析”子菜单中“产量数据分离”。

②点击“内部数据源产量数据分离”。

③在“作物名称”选择框中选择作物。

④在“主产区域”选择框中选择区域。

⑤在“分离方法”选择框中选择产量分离方法。

⑥在“起止时间”选择框中选择时间。

点击“开始计算”，即计算作物农业技术产量和气象产量。分离完的逐年气象产量结果以柱状图形式在产量分离计算结果框下部显示，横坐标为年代，纵坐标为气象产量。

计算完毕，计算结果的文件名输入框中即显示文件名(不需修改)，点击“保存”，计算结果自动保存至 D:\Crop\dongxiaomai\Y-Ytw 中(同名文件将被覆盖)。

(2)外部数据源产量数据分离

①点击“数据分析”子菜单中“产量数据分离”。

②点击“外部数据源产量数据分离”。

③在“产量数据导入”搜索框中选择需要进行产量分离的文件，需提前将“产量数据”存入 D:\Crop\chanliang 中，并自定义文件名。文件格式为两列数据，一列为年代，一列为平均单产数据，两列数据均不需文件头，且以空格分隔。

④在“分离方法”选择框中选择产量分离方法。

⑤在“起止时间”选择框中选择时间。

点击“开始计算”，即计算作物农业技术产量和气象产量。分离完的逐年气象产量结果以柱状图形式在产量分离计算结果框下部显示，横坐标为年代，纵坐标为气象产量。

计算完毕，点击“保存”，系统会提示“请输入文件名！”，点击“ok”后在“文件名”后的文本框中自定义输入文件名，系统自动将结果保存至 D:\Crop\chanliang 中。

4.3.3.9 相关系数分析

(1)点击“数据分析”子菜单中“相关系数分析”。

(2)在“因变量导入”搜索框中选择因变量数据，需提前将“因变量”存入 D:\Crop\yinbianliang 中，并自定义文件名。文件为一列数值，不需文件头。

(3)在“自变量导入”搜索框中选择自变量数据，需提前将“自变量”存入 D:\Crop\zibianliang 中，并自定义文件名。文件为一列或多列数值，以空格分隔，均不需文件头。

(4)在“自变量个数”文本框中输入个数。输入的自变量个数可等于或小于自变量文件中的变量个数，计算时计数从第一个变量开始。

(5)在“样本长度”文本框中输入样本长度。

点击“开始计算”，即计算自变量与所选因变量之间的相关系数。

计算完毕，点击“保存”，系统会提示“请输入文件名！”，点击“ok”后在“文件名”后的文本框中自定义输入文件名，系统自动将结果保存至 D:\Crop\xiangguanxishu 中。

4.3.3.10 土壤墒情数据处理

(1)点击“数据分析”子菜单中“土壤墒情数据处理”。

(2)在“要素选择”选择框中选择 10 cm 或 20 cm 土壤深度。

(3)在“起止时间”选择框中选择需要进行墒情处理的时间段。

点击“计算”，即计算作物土壤墒情数据。

计算完毕，系统会提示“墒情处理完成！”，点击“确定”后系统自动将结果保存至数据库中。

4.3.4 气候影响指数模块操作流程

点击“气候影响指数”功能条，进入气候影响指数模块。

4.3.4.1 气候适宜度

点击“气候适宜度”菜单条，弹出气候适宜度子菜单。

(1)气候适宜度计算

①点击“气候适宜度”子菜单中“气候适宜度”。

②在“作物名称”选择框中选择作物。

③在“区域选择”选择框中选择区域。

④“起止时间”选择框中选择时间。

当区域选择为主产区域时：

a)选择全国区——系统自动计算山东、河北、河南、山西、陕西、江苏、安徽、湖北、四川、贵州、云南的温度、日照、降水、土壤墒情、水分和气候适宜度及华北区、江淮江汉区、西南区和全国区的气候适宜度。

b)选择华北区——系统自动计算山东、河北、河南、山西、陕西的温度、日照、降水、土壤墒情、水分和气候适宜度及华北区的气候适宜度。

c)选择江淮江汉区——系统自动计算江苏、安徽、湖北的温度、日照、降水、土壤墒情、水分和气候适宜度及江淮江汉区的气候适宜度。

d)选择西南区——系统自动计算四川、贵州、云南的温度、日照、降水、土壤墒情、水分和气候适宜度及西南区的气候适宜度。

点击"确定",即计算作物生长阶段内逐旬气候适宜度,流程表为计算进程,过程表显示计算相应适宜度时的过程数据,结果表为计算完的各适宜度数据。

计算完毕,点击结果表左上角"保存"钮,将气候适宜度数据保存于D:\Crop\dongxiaomai\Fit文件夹中,RC与C分别为区域和分省气候适宜度数据文件夹,T、S、P、W、M为分省温度、日照、降水、墒情、水分适宜度数据文件夹,Per为降水距平百分比数据文件夹。

当区域选择为主产省份时:

点击"确定",流程控制框内出现各适宜度计算流程条。

a)对于绿色流程条,点击右键,显示"查看、返回"功能条,点击"查看",可查看已计算完的相应适宜度结果。

b)黄色流程条,需进行数据确认。右键点击黄色流程条,显示"查看、重新计算、确认数据、返回"功能条,点击"查看",可查看已计算完的数据;点击"重新计算",则重新计算相应适宜度数据,计算完毕流程条显示成绿色;点击"确认数据",则确认已存在的相应适宜度数据,确认后流程条显示成绿色。

c)红色流程条,需进行相应适宜度计算。右键点击红色流程条,显示"计算、返回"功能条,点击"计算",计算所选作物、所选区域、所选起止时间段内的逐旬适宜度,计算完毕流程条显示成绿色。

流程表为计算进程,过程表显示计算相应适宜度时的过程数据,结果表为计算完的各适宜度数据。

计算完毕,点击结果表左上角"保存"钮,将气候适宜度数据保存于D:\Crop\dongxiaomai\Fit文件夹中,T、S、P、W、M为温度、日照、降水、墒情、水分适宜度数据文件夹,Per为降水距平百分比数据文件夹。

当区域选择为集成区域时:

点击"确定",流程控制框内各分适宜度计算流程条均显示灰色,表示不可操作数据,只可计算气候适宜度结果,未计算数据显示为红色,已计算数据显示为绿色,已存在、未确认数据显示为黄色。红色、黄色、绿色流程条功能同上。

流程表为计算进程,过程表显示计算相应适宜度时的过程数据,结果表为计算完的各适宜度数据。

计算完毕,点击结果表左上角"保存"钮,将气候适宜度数据保存于D:\Crop\dongxiaomai\Fit文件夹中,RC与C分别为区域和分省气候适宜度数据文件夹。

另外,在气候适宜度计算过程中,若点击到其他连接或者刷新和关闭页面,系统将做出提示,点击"确定"将停止当前计算转至其他页面,点击"取消"将继续计算。

(2)适宜度贡献系数计算

①点击"气候适宜度"子菜单中"适宜度贡献系数"。

②在"作物名称"选择框中选择作物。

③在“区域选择”选择框中选择区域。

④在“分离方法”选择框中选择产量分离方法。

⑤在“起止时间”选择框中选择时间，年份为建模所用时间。

点击“开始计算”，计算逐旬气候适宜度贡献系数。气候适宜度贡献系数存于 D:\Crop\dongxiaomai\Fit\K 中。

(3)气候适宜度分级指标计算

①点击“气候适宜度”子菜单中“气候适宜度分级指标”。

②在“作物名称”选择框中选择作物。

③在“区域选择”选择框中选择区域。

④在“起止时间”选择框中选择时间。

点击“开始计算”，计算逐旬气候适宜度分级指标。气候适宜度分级指标存于 D:\Crop\dongxiaomai\Fit\C-Index 中。

(4)气候适宜度等级划分

①点击“气候适宜度”子菜单中“气候适宜度等级划分”。

②在“作物名称”选择框中选择作物。

③在“区域选择”选择框中选择区域。

④在“起止时间”选择框中选择时间。

点击“开始计算”，即对逐旬气候适宜度按照分级指标划分为 1、2、3、4 级。气候适宜度分级结果存于 D:\Crop\dongxiaomai\Fit\C-Level 中。

4.3.4.2 气候适宜指数

点击“气候适宜指数”菜单条，弹出气候适宜指数子菜单。

(1)气候适宜指数计算

①点击“气候适宜指数”子菜单中“气候适宜指数”。

②在“作物名称”选择框中选择作物。

③在“区域选择”选择框中选择区域。

④在“分离方法”选择框中选择产量分离方法。

⑤在“起止时间”选择框中选择时间，年份起止时间为建模年代＋预报年代。

点击“开始计算”，计算气候适宜指数。气候适宜指数存于 D:\Crop\dongxiaomai\Fit\FI 中。

(2)气候适宜指数分级指标计算

①点击“气候适宜指数”子菜单中“气候适宜指数分级指标”。

②在“作物名称”选择框中选择作物。

③在“区域选择”选择框中选择区域。

④在“起止时间”选择框中选择时间。

点击“开始计算”，计算气候适宜指数分级指标。气候适宜指数分级指标存于 D:\Crop\dongxiaomai\Fit\FI-Index 中。

(3)气候适宜指数等级划分

①点击“气候适宜指数”子菜单中“气候适宜指数等级划分”。

②在“作物名称”选择框中选择作物。

③在“区域选择”选择框中选择区域。

④在“起止时间”选择框中选择时间。

点击“开始计算”，即对气候适宜指数按照分级指标划分为 1、2、3、4 级。分级结果存于 D:\Crop\dongxiaomai\Fit\FI-Level 中。

4.3.4.3　气候影响指数

点击“气候影响指数”菜单条，弹出气候影响指数子菜单。

(1)内部数据源气候影响指数计算

①点击“气候适宜指数”子菜单中“气候影响指数”。

②点击“内部数据源”。

③在“作物名称”选择框中选择作物。

④在“区域选择”选择框中选择区域。

⑤在“分离方法”选择框中选择产量分离方法。

⑥在“起止时间”选择框中选择时间，年代起止时间为建模时间段，月旬起止时间为前面所计算的气候适宜指数的时间段。

点击“开始计算”，计算气候影响指数，计算结果存于 D:\Crop\dongxiaomai\INdex 中。

(2)外部数据源气候影响指数计算

①点击“气候适宜指数”子菜单中“气候影响指数”。

②点击“外部数据源”。

③在“气象产量(因变量)”搜索框中选择气象产量，为三列数值，分别实际产量、农业技术产量和气象产量，均不需文件头，需提前将“气象产量”存入 D:\Crop\yinbianliang 中，并自定义文件名。

④在“气候适宜指数(自变量)”搜索框中选择气候适宜指数，为一列数值，不需文件头，需提前将“气候适宜指数”存入 D:\Crop\zibianliang 中，并自定义文件名。

⑤在“样本长度”文本框中输入样本长度，计数时从第一个记录开始。

点击“开始计算”，计算外部气象产量(因变量)与气候适宜指数(因变量)的气候影响指数。气候影响指数计算结果存于 D:\Crop\QihouINdex 中，并自定义文件名。

4.3.5　产量历史丰歉指数模块操作流程

点击“产量历史丰歉指数”功能条，进入产量历史丰歉指数模块。

4.3.5.1　区域综合气象条件计算

(1)点击“产量历史丰歉指数”子菜单中“区域综合气象条件”。

(2)在“作物名称”选择框中选择作物。

(3)在“区域选择”选择框中选择区域。

(4)在“起止时间”选择框中选择时间。

点击“开始计算”，计算综合气象条件序列值。计算结果存于 D:\Crop\dongxiaomai\qxtj 中。

4.3.5.2 气象条件综合诊断指标计算

(1)点击“产量历史丰歉指数”子菜单中“气象条件综合诊断”。

(2)在“作物名称”选择框中选择作物。

(3)在“主产区域”选择框中选择区域。

(4)在“诊断指标”选择框中选择诊断指标类型,包括温度、降水、日照综合指标和全部诊断指标,选择“全部诊断指标”时,则同时计算上述三类指标。

(5)在“作物时段”选择框中选择起止月日,一般为生育时段,终止时段为预报的不同时段。

(6)在“目标年”选择框中选择进行预报的年份。

(7)在“对比年”选择框中选择进行对比的年份。

点击“开始计算”,计算气象条件综合诊断指标。计算结果存于 D:\Crop\dongxiaomai\Index-A 中。

4.3.5.3 产量历史丰歉指数计算

(1)点击“产量历史丰歉指数”子菜单中“产量历史丰歉指数”。

(2)在“作物名称”选择框中选择作物。

(3)在“主产区域”选择框中选择区域。

(4)在“计算时间”文本框中输入计算的时间,为标记性输入。

点击“开始计算”,计算作物产量历史丰歉指数。计算结果存于 D:\Crop\dongxiaomai\Index-Y 中。

4.3.6 关键因子影响指数模块操作流程

点击“关键因子影响指数”功能条,进入关键因子影响指数模块。

点击“关键因子影响指数”菜单条,弹出关键因子影响指数子菜单。

4.3.6.1 区域逐旬气象要素计算

(1)点击“关键因子影响指数”子菜单中“区域逐旬气象要素”。

(2)在“作物名称”选择框中选择作物。

(3)在“主产区域”选择框中选择区域。

(4)在“起止时间”选择框中选择时间。

点击“开始计算”,计算逐旬平均气温、降水量、日照时数序列值。计算结果存于 D:\Crop\dongxiaomai\qxys 中。

4.3.6.2 关键影响因子确定

(1)点击“关键因子影响指数”子菜单中“关键影响因子确定”。

(2)在“作物名称”选择框中选择作物。

(3)在“主产区域”选择框中选择区域。

(4)在“分离方法”选择框中选择产量分离方法。

(5)在“显著检验”文本框中输入不同信度的显著性检验临界值。

(6)在“起止时间”选择框中选择时间。

点击“开始计算”，计算各旬平均温度、降水量、日照时数与产量的相关系数通过检验的关键影响因子。计算结果存于 D:\Crop\dongxiaomai\Key 中。

4.3.6.3　关键因子影响指数计算

(1)点击“关键因子影响指数”子菜单中“关键影响因子指数”。

(2)在“作物名称”选择框中选择作物。

(3)在“主产区域”选择框中选择区域。

(4)在“分离方法”选择框中选择产量分离方法。

(5)在“起止时间”选择框中选择时间。

(6)在“计算时间”文本框中输入计算的时间，为标记性输入。

点击“开始计算”，计算所选作物、所选区域的关键因子影响指数。计算结果存于 D:\Crop\dongxiaomai\Key-Y 中。

4.3.7　产量预报模块操作流程

点击“产量预报”功能条，进入产量预报模块。

4.3.7.1　分模型预报

(1)点击“分模型预报”菜单条，弹出分模型预报子菜单。

(2)在“作物名称”选择框中选择作物。

(3)在“主产区域”选择框中选择区域。

(4)在“分离方法”选择框中选择产量分离方法(丰歉指数预报法的产量分离只可选择差值百分率)。

(5)在“预报年代”文本框中输入需进行预报的年代。

(6)在“预报时段”选择框中选择进行预报的时段。

(7)在“预报方法”选择框中选择预报方法，包括气候影响指数法、产量历史丰歉指数法、关键因子影响指数法。

点击“开始计算”，计算预报年代作物产量预报结果。计算结果存于 D:\Crop\dongxiaomai\Predict-Y 中。

4.3.7.2　集成预报

(1)点击“集成预报”菜单条，弹出分模型预报子菜单。

(2)在“作物名称”选择框中选择作物。

(3)在“主产区域”选择框中选择区域。

(4)在“分离方法”选择框中选择产量分离方法。

(5)在“预报年代”文本框中输入需进行预报的年代。

(6)在“预报时段”选择框中选择进行预报的时段。

(7)在“集成方法”选择框中选择各预报方法。产量历史丰歉指数法中需在大概率法和加权法中二选一，气候影响指数法需要在一次模型和二次模型中二选一，同时，要求在 D:\Crop\dongxiaomai\Predict-Y 文件夹中要有各种方法的权重文件。

点击“开始计算”，计算预报年代作物产量集成预报结果。计算结果存于 D:\Crop\dongxiaomai\Predict-Y 中。

4.3.8 图形制作模块操作流程

点击“图形制作”功能条，进入图形制作模块。

4.3.8.1 站点资料图

(1)点击“站点资料图”菜单条，弹出子菜单，点击“站点资料图”。

(2)在“作物名称”选择框中选择作物。

(3)在“主产区域”选择框中选择区域。

(4)在“是否显示省会”选择框中选择“是”或“否”。

(5)如主产区域选择为“全国区”，弹出“是否显示长江黄河”，在选择框中选择“是”或“否”。

点击“空间图”，系统自动弹出图题提示框，自行修改后点击“确定”，即绘制代表站点空间散点分布图。图片为网页形式，可进行保存、打印、复制等操作。

4.3.8.2 气象资料图

点击“气象资料图”菜单条，弹出气象资料图子菜单。

(1)逐日气象资料图

①点击“气象资料图”子菜单中“逐日气象资料图”。

②在“作物名称”选择框中选择作物。

③在“主产区域”选择框中选择区域。

④在“气象要素”选择框中选择气象要素，包括逐日最高气温、最低气温、降水量和日照时数。

⑤在“起止时间”选择框中选择时间。

⑥在“是否显示省会”选择框中选择“是”或“否”。

⑦如主产区域选择为“全国区”，弹出“是否显示长江黄河”，在选择框中选择“是”或“否”。

点击“空间图”，系统自动弹出图题提示框，自行修改后点击“确定”，绘制逐日气象要素数据的空间散点分布图。图片为网页形式，可进行保存、打印、复制等操作。

(2)土壤墒情资料图

①点击“气象资料图”子菜单中“土壤墒情资料图”。

②在“作物名称”选择框中选择作物。

③在“主产区域”选择框中选择区域。

④在“要素选择”选择框中选择要素，包括 10 cm 和 20 cm。

⑤在“起止时间”选择框中选择时间。

⑥在“是否显示省会”选择框中选择“是”或“否”。

⑦如主产区域选择为“全国区”，弹出“是否显示长江黄河”，在选择框中选择“是”或“否”。

点击“空间图”，系统自动弹出图题提示框，自行修改后点击“确定”，绘制土壤墒情数据的空间散点分布图。图片为网页形式，可进行保存、打印、复制等操作。

(3)气象数据累计值图

①点击“气象资料图”子菜单中“气象数据累计值图”。

②在“作物名称”选择框中选择作物。

③在“主产区域”选择框中选择区域。

④在“气象要素”选择框中选择气象要素，包括大于或等于界限值积温、小于或等于界限值积温、降水量累计和日照时数累计。

⑤在“年份”选择框中选择年份。

⑥在“是否显示省会”选择框中选择“是”或“否”。

⑦如主产区域选择为“全国区”，弹出“是否显示长江黄河”，在选择框中选择“是”或“否”。

点击“空间图”，系统自动弹出图题提示框，自行修改后点击“确定”，绘制气象数据累计值的空间散点分布图。图片为网页形式，可进行保存、打印、复制等操作。

(4)气象数据对比值图

①点击“气象资料图”子菜单中“气象数据对比值图”。

②在“作物名称”选择框中选择作物。

③在“主产区域”选择框中选择区域。

④在“气象要素”选择框中选择气象要素，同气象要素累计值图。

⑤在“是否显示省会”选择框中选择“是”或“否”。

⑥如主产区域选择为“全国区”，弹出“是否显示长江黄河”，在选择框中选择“是”或“否”。

点击“空间图”，系统自动弹出图题提示框，自行修改后点击“确定”，绘制气象数据对比值的空间散点分布图。图片为网页形式，可进行保存、打印、复制等操作。

(5)气象数据界限天数图

①点击“气象资料图”子菜单中“气象数据界限天数图”。

②在“作物名称”选择框中选择作物。

③在“主产区域”选择框中选择区域。

④在“气象要素”选择框中选择气象要素，包括日最高气温大于或等于界限值天数、日最低气温小于或等于界限值天数、日降水量大于或等于界限值天数、日降水量小于或等于界限值天数。

⑤在“是否显示省会”选择框中选择“是”或“否”。

⑥如主产区域选择为“全国区”，弹出“是否显示长江黄河”，在选择框中选择“是”或“否”。

点击“空间图”，系统自动弹出图题提示框，自行修改后点击“确定”，绘制气象数据界限天数的空间散点分布图。图片为网页形式，可进行保存、打印、复制等操作。

4.3.8.3　产量资料图

点击“产量资料图”菜单条，弹出产量资料图子菜单。

(1)作物产量年际变化图

①点击“产量资料图”子菜单中“作物产量年际变化图”。

②在“作物名称”选择框中选择作物。

③在“主产区域”选择框中选择区域。

④在“产量要素”选择框中选择要素，包括平均单产、种植面积、总产量。

⑤在“起止时间”选择框中选择时间。

点击“柱状图”或“折线图”，系统自动弹出图题、横纵坐标提示框，自行修改后点击“确定”，绘制作物产量资料年际变化柱状图或折线图。图片可进行保存、打印等操作。

(2)作物产量区域变化图

①点击“产量资料图”子菜单中“作物产量区域变化图”。

②在“作物名称”选择框中选择作物。

③在“主产区域”选择框中选择区域,可单选、多选、全选。

④在“产量要素”选择框中选择要素。

⑤在“年时间段”选择框中选择年代。

点击“柱状图”或“折线图”,系统自动弹出图题、横纵坐标提示框,自行修改后点击“确定”,绘制作物产量资料区域变化柱状图或折线图。图片可进行保存、打印等操作。

(3)气象产量年际变化图

①点击“产量资料图”子菜单中“气象产量年际变化图”。

②在“作物名称”选择框中选择作物。

③在“主产区域”选择框中选择区域,可单选、多选和全选。

④在“分离方法”选择框中选择产量分离方法。

⑤在“起止时间”选择框中选择时间。

点击“柱状图”或“折线图”,系统自动弹出图题、横纵坐标提示框,自行修改后点击“确定”,绘制作物气象产量资料年际变化柱状图或折线图。图片可进行保存、打印等操作。

(4)作物产量预报结果图

①点击“产量资料图”子菜单中“作物产量预报结果图”。

②在“作物名称”选择框中选择作物。

③在“主产区域”选择框中选择区域,可单选、多选、全选。

④在“是否显示省会”选择框中选择“是”或“否”,此选择只针对空间图。

⑤如主产区域选择为“全国区”,弹出“是否显示长江黄河”,在选择框中选择“是”或“否”,此选择只针对空间图。

点击“空间图”,系统自动弹出图题提示框,自行修改后点击“确定”,绘制各主产区域包括的主产省份产量增减趋势色斑分布图。图片为网页形式,可进行保存、打印、复制等操作。

点击“柱状图”或“折线图”,系统自动弹出图题、横纵坐标提示框,自行修改后点击“确定”,绘制作物气象产量资料年际变化柱状图或折线图。图片可进行保存、打印等操作。

4.3.8.4 适宜度资料图

点击“适宜度资料图”菜单条,弹出适宜度资料图子菜单。

(1)气候适宜度年际变化图

①点击“适宜度资料图”子菜单中“气候适宜度年际变化图”。

②在“作物名称”选择框中选择作物。

③在“主产区域”选择框中选择区域。

④在“数据类型”选择框中选择适宜度类型。

当“主产区域”选择为全国区、华北区、江淮江汉区、西南区等区域时,适宜度类型只有旬气候适宜度。

当“主产区域”选择为各主产省份时,适宜度类型有温度、降水、墒情、水分、日照和气候适宜度。

⑤在“起止时间”选择框中选择时间。

点击“柱状图”或“折线图”，系统自动弹出图题、横纵坐标提示框，自行修改后点击“确定”，绘制气候适宜度数据年际变化柱状图或折线图。图片可进行保存、打印等操作。

(2)气候适宜度旬次变化图

①点击“适宜度资料图”子菜单中“气候适宜度旬次变化图”。

②在“作物名称”选择框中选择作物。

③在“主产区域”选择框中选择区域。

④在“数据类型”选择框中选择适宜度类型，同上。

⑤在“起止时间”选择框中选择时间。

点击“柱状图”或“折线图”，系统自动弹出图题、横纵坐标提示框，自行修改后点击“确定”，绘制作物气候适宜度数据旬次变化柱状图或折线图。图片可进行保存、打印等操作。

(3)气候适宜度区域分布图

①点击“适宜度资料图”子菜单中“气候适宜度区域分布图”。

②在“作物名称”选择框中选择作物。

③在“主产区域”选择框中选择区域，可单选、多选、全选。

④在“起止时间”选择框中选择时间。

⑤在“是否显示省会”选择框中选择“是”或“否”，此选择只针对空间图。

⑥如主产区域选择为“全国区”，弹出“是否显示长江黄河”，在选择框中选择“是”或“否”，此选择只针对空间图。

点击“空间图”，系统自动弹出图题提示框，自行修改后点击“确定”，绘制各主产区域包括的主产省份气候适宜度等级色斑分布图。图片为网页形式，可进行保存、打印、复制等操作。

点击“柱状图”或“折线图”，系统自动弹出图题、横纵坐标提示框，自行修改后点击“确定”，绘制作物气候适宜度数据区域分布柱状图或折线图。图片可进行保存、打印等操作。

(4)气候适宜指数年际变化图

①点击“适宜度资料图”子菜单中“气候适宜指数年际变化图”。

②在“作物名称”选择框中选择作物。

③在“主产区域”选择框中选择区域。

④在“分离方法”选择框中选择产量分离方法。

⑤在“起止时间”选择框中选择时间。

点击“柱状图”或“折线图”，系统自动弹出图题、横纵坐标提示框，自行修改后点击“确定”，绘制气候适宜指数数据年际变化柱状图或折线图。图片可进行保存、打印等操作。

(5)气候适宜指数区域分布图

①点击“适宜度资料图”子菜单中“气候适宜指数区域分布图”。

②在“作物名称”选择框中选择作物。

③在“主产区域”选择框中选择区域，可单选、多选、全选。

④在“起止时间”选择框中选择时间。

⑤在在“分离方法”选择框中选择产量分离方法。

⑥在“是否显示省会”选择框中选择“是”或“否”，此选择只针对空间图。

⑦如主产区域选择为“全国区”，弹出“是否显示长江黄河”，在选择框中选择“是”或“否”，

此选择只针对空间图。

点击“空间图”，系统自动弹出图题提示框，自行修改后点击“确定”，绘制各主产区域包括的主产省份气候适宜指数等级色斑分布图。图片为网页形式，可进行保存、打印、复制等操作。

点击“柱状图”或“折线图”，系统自动弹出图题、横纵坐标提示框，自行修改后点击“确定”，绘制作物气候适宜指数数据区域分布柱状图或折线图。图片可进行保存、打印等操作。

4.3.9 帮助模块操作流程

点击“帮助”功能条，进入帮助模块。

点击文档结构图中的每一部分，即显示每部分的操作流程。